CAMERA
数码摄影达人

骆志青 编著

中国摄影出版社

目 录

Contents

认识与选购DSLR迈向摄影达人的起步

由于DSLR(Digital Single Lens Reflex)的价格越来越低，性能却是越来越高，功能日趋强大，学习门槛相对降低了很多，因此现在进入摄影领域，正是好时机！

有些朋友，看到用数码单反相机拍摄的作品时，都会说：照片真棒！我也想拍出这样的画面。手握着DSLR的同时，也会感觉自己俨然已经成为了一个专业摄影师！

可是，这样的热情能维持多久？老实说，不是很清楚。所以此时该建议他们买相机吗？答案是否定的，因为事实上，某些初学者，会因为一时激情，冲动地买一台DSLR回家，或许当时有成为摄影大师的决心，一定要好好学习拍照，所以一机三镜一闪灯一脚架……均买齐了，也顺便搜集四、五本厚的不得了，极像是高中、大学时的教材的摄影书籍，开始潜心研究……但是，过不了几天，相机便深锁在防潮箱中，摄影书内也插了一张书签，永远停留在第八页……由于拍了几天，效果不好，受挫折感的打击，加上厚厚一本书，每每一打开就想睡觉，因此放弃了追寻按快门的乐趣。

你适合买DSLR吗？

这个问题应该要先找到答案。假设你对摄影的兴趣浓厚，想要跟着我们循序渐进的一起玩摄影，不会轻易对自己买的相机说对不起，不放弃任何按下快门的机会，恭喜你，让我们一起迈向摄影达人之路吧！

认识DSLR

许多人会把使用消费型数码相机的习惯，去对待DSLR，其实对于影像的捕捉，可说是大同小异，不过在结构、反应速度、镜头扩充性、创作空间、操控变因以及价位等方面都有很多的不同点。

Digital Single Lens Reflex，也就是数码单镜头反光式相机，与先前单反相机结构几乎相同，主要是影像传感器与记录影像的方式有所差异，由先前的银盐底片曝光得到影像，改由影像传感器感光后，将影像储存到存储卡。

所以具备支持各种变焦镜头，反应速度也比一般消费机型快，当然在结构与创作空间上也都优于小相机。

特色一：支持各类变焦镜头

DSLR最大的优点就是可以安装不同的镜头，从超广角到超望远均有对应的变焦镜头可供使用，不会再遇到像小相机一镜到底的局限。

广角镜头捕捉人像带景的作品，除了可增加视觉震撼性与壮阔感之外，也能完整保留背景特色。（Sony α 900+24-70mm f/2.8的24mm端。光圈优先f/4，快门1/500秒，ISO 200，日光白平衡，JPEG）

利用大光圈定焦镜头，可轻易拍出浅景深、突显主题人物的作品。（Sony α 900+ 85mm f/1.4。光圈优先f/2，快门1/250秒，ISO 100，日光白平衡，JPEG）

特色二：更多辅助配件

对于消费型数码相机来说，DSLR的优势不仅仅体现在可交换镜头和延伸更完整的创作空间，它还拥有更多辅助配件，如滤镜、闪光灯、加倍镜、近摄环等。此外，多款DSLR还支持电池盒手柄。当加装了电池盒手柄后，除了能够加强相机续电能力与拍摄时间之外，还可在竖幅构图拍摄时，利于按下快门与手持的稳定度，再就是搭载望远变焦的长镜头时，机身与镜头的平衡性较佳，利于摄影者拍摄。

特色三：快门反应速度与存盘

用惯了普及型数码相机的摄影爱好者，一定都会发现普及型相机从开机到进行对焦、按下快门，会有一个等待的时间，往往一些重要的拍摄时机，会因此而流失，这也就是所谓的机身反应速度跟快门时滞，在DSLR上的快门时滞非常非常短，也就是按下快门钮到光线进入焦平面的时间差很短，换言之是当摄影者透过取景窗，按下快门钮的同时，迅速启动了快门帘，肯定比消费型数码相机快很多。

相对于普及型数码相机而言，DSLR的反应与存盘速度快、快门时滞短等优点，相信拍摄过动态作品的人都知道，只要瞬间快门没有掌握好，或许就是成功与失败的分界领，因此拥有了快速的反应，一开机便能迅速对焦，即可掌握优异的构图及快门时机。另外，存盘速度够快的能力，可以帮助摄影者连续捕捉画面，辅助整个拍摄工作更为流畅。

拍摄过小孩作品的人都知道，由于小孩的动作与表情都是稍纵即逝，没有捕捉到瞬间画面，想要重新再来都很难，所以只有使用对焦、测光、快门时滞短，以及存盘速度够快的DSLR，方可提高拍摄的成功几率。（Nikon D 90+ AF 50mm f/1.4D。光圈优先f/2，快门1/2000秒，ISO 200，日光白平衡，JPEG）

特色四：使用方便且信赖

DSLR为了要让使用者应付可能出现的各种状况，将很多常需要更改条件的设定，均设计到机身上，可不用进入繁琐选择菜单，便可依需求按下按钮进行变更，例如，ISO、白平衡、光圈、快门、对焦模式等，使用上更为顺手。

除了上述的特点之外，DSLR在机身结构、快门使用的次数上，也经过了强化，甚至专业机种的防尘、防水也经过用心的考虑，所以在使用上有信赖感，更是摄影爱好者的最佳选择。

拍摄商品的最佳工具，还是采用DSLR吧！一方面设定更为简便，另一方面，坚固且耐用，加上那一份握在手上的专业感，才是令人信赖的工作伙伴。（Sony α 900+ 100 mm MACRO f/2.8。f/18，快门1/125秒，ISO 100，日光白平衡，RAW）

特色五：购入DSLR前，先了解画幅差异

购入DSLR前，画幅的认识相当重要，因为这在将来选择搭配镜头上的视角时，都有直接的影响。

以目前销售的各厂机种，可依影像传感器尺寸不同分为全幅、APS、APS-C、APS-H及4/3系统，全画幅（36mm×24mm），代表机种：Sony α 900、Nikon D3、Canon EOS 1Ds Mark Ⅲ、Canon EOS 5D Mark Ⅱ……焦距转换率：1.0×；APS（23.6mm×15.8mm），代表机种：Sony α 550、Sony α 350、Nikon D300、Nikon D90、FUJIFILM S5Pro……焦距转换率：1.5×；APS-C（22.5mm×15.0mm），代表机种：Canon EOS 50D、Canon EOS 450D……焦距转换率：1.6×；APS-H（28.7mm×19.1mm），代表机种：Canon EOS 1D MarkⅣ，焦距转换率：1.3×；4/3系统（18mm×13.5mm），代表机种：OLYMPUS E-3、Leica DIGILUX 3、Panasonic L10……焦距转换率：2.0×。

仅有全画幅尺寸，是与传统35mm银盐底片比例相同，其余机种的尺寸都略小于全画幅，因此在镜头视角上会变得较窄，从而导致拍摄范围变窄，就会有我们常常说的镜头乘上的转换倍率。

镜头视角与焦点距离

（参考图一）

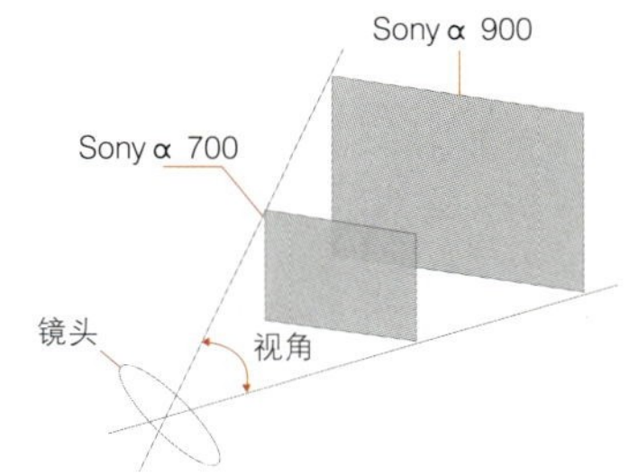

（参考图二）

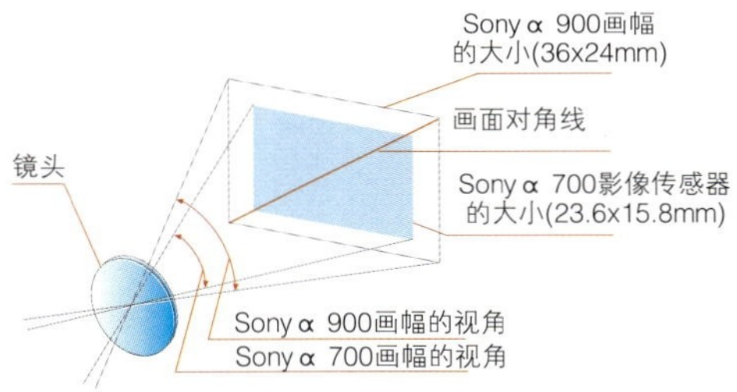

拍摄范围的差异

α900

α700

以全画幅的Sony α 900与APS的Sony α 700分别在同一个位置使用广角24mm镜头拍摄，由于APS的Sony α 700影像传感器较小，所以镜头焦距被迫乘上1.5倍，所以拍摄的范围是有差异的。

举例来说，Sony α 900全画幅机型与传统35mm相机底片面积基本一样，所以对于镜头焦距并无需转换，假设接到APS画幅尺寸的Sony α 700上，由于影像传感器较小，则必须乘上1.5倍的镜头焦距转换率。

如何选购DSLR

认识DSLR后，一定会有人要问，该买哪一款相机好呢？其实目前市面上的任何一个机种，都不可能十全十美，所以只要选择适合自己需求的就可以了。至于选用哪个系统？这就得慎重考虑，毕竟选择机身后，将来的镜头包袱就会随之而来，因此在选购之前，除了参考杂志、书籍、网站的评测报告之外，也可以到商店、专卖店、摄影器材展、数码产品一条街、数码大厦等实际去操作各款相机的接口与握感，顺手与否、操作是不是符合自己的习惯、影像质量、色彩还原能力等，将自己的需求点记录下来，找寻对应的机种，剩下的就是购买之后，静下心来好好研究如何拍出亮丽的作品了！

DSLR初体验 基本设定解说

购入DSLR后，必要的设定与步骤还是不可缺少，尤其得先完成电池充电，并于开机后将基本设定调整就绪，利于将来拍照工作的进行与日后照片的整理。

步骤1：电池充电

购买回来的DSLR，盒装内的电池通常仅剩微弱电力，建议先将电池进行充电后再使用。鉴于目前DSLR几乎都使用专用充电电池，因此将来出门拍照前，一定要确认电力是否足够，假设出门后才发现电力不足，就会陷入无法拍照的窘境。另外，如遇到拍摄量大的外拍行程，多准备一到两个备用电池，也非常必要！

取出电池与充电器完成充电工作，一般来说，各家品牌的充电器都有充电显示，使用者可依照亮灯显示判断是否充电完成。

首先将相机电池槽打开后，将完成充电的电池，确定装入电池的方向，无误的置入相机内，再将电池槽底盖盖紧，即可开启电源操作与拍摄。

步骤2：安装交换镜头

有部分初学者或刚从基础型数码相机升级为DSLR的摄影爱好者，刚开始不懂怎么加装、拆卸、交换镜头，甚至有人把标配镜头请销售人员装上后，再也没拆下来过。

这样除了无法体验DSLR优异的镜头功能、支持能力，还错失了转换各变焦镜头的拍摄能力与乐趣。

每台DSLR的机身镜头接环处，会有设计标记与镜头对应，以Sony α系统来说，只要将镜头上橘色点，对上机身的橘色点标示，再以顺时针方向转动（因品牌不同，方向也会有差异，使用前得先看说明书的使用方式去做），直到卡口结合后，听到一声“咔”的声音，就代表安装镜头工作完成。

步骤3：设定语言

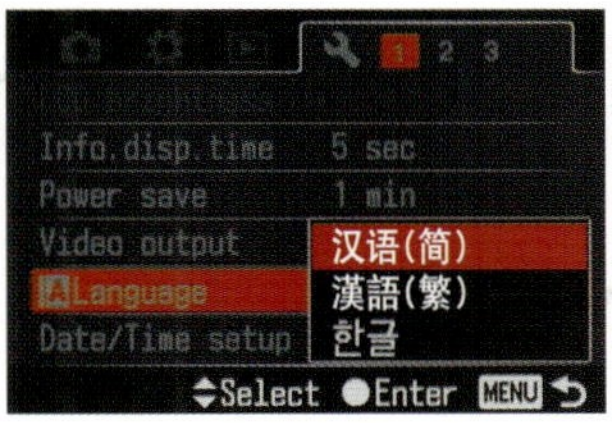

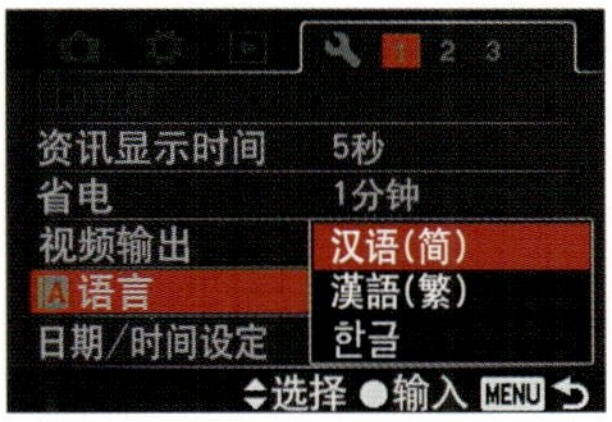

进入工具菜单中，选择预设的“Language”，并利用方向键设定“汉语（简）”。

经过设定后，可发现菜单文字已经从英文转变成简体中文了。

步骤4：设定日期

只要在新购买的相机中，设定正确的日期与时间，这样的工作，不会像胶卷相机那样把日期打印在相片的角落，但该时间信息，会建立在每张格式中，当看图软件开启时，内容信息就可显示出拍摄的时间。对于格式管理、编辑或生活记录，可带来很大的方便。

时间设定操控流程(Sony α 350为操控范例)

打开相机电源开关到“ON”的位置，并按一下菜单按钮。

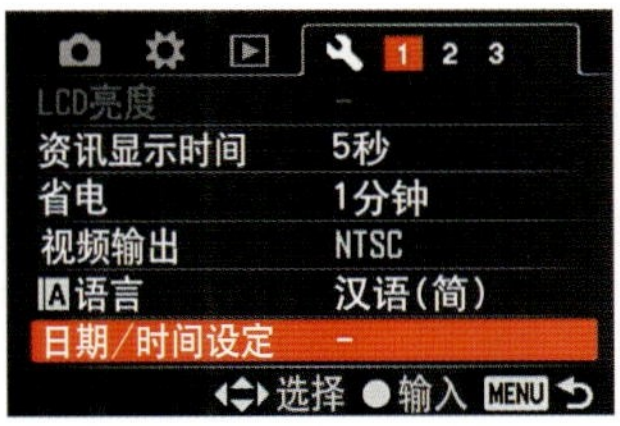

选择“日期/时间设定”选项。

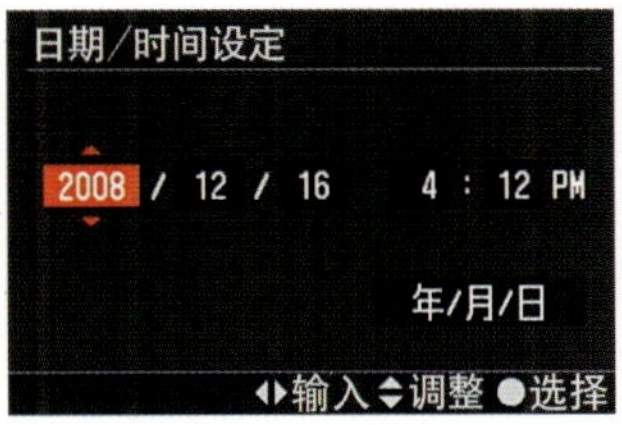

将日期与时间，利用十字键设定正确的数值，然后按确认，即可完成。

步骤5：格式化存储卡

购买新的存储卡，不论是哪一种品牌、哪种类型的卡，都建议将卡插入相机后，先将其格式化成自己相机使用的格式，再进行影像拍摄，可避免存储卡读取与储存错误现象的发生。

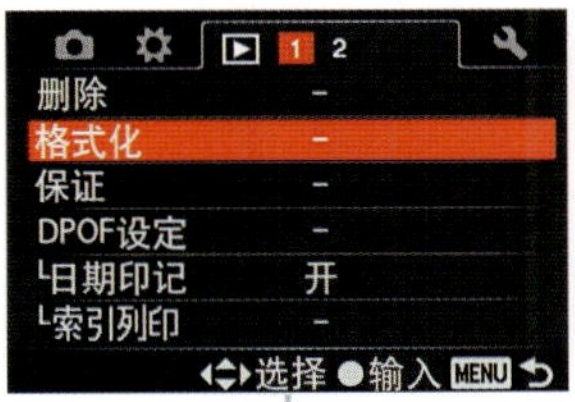

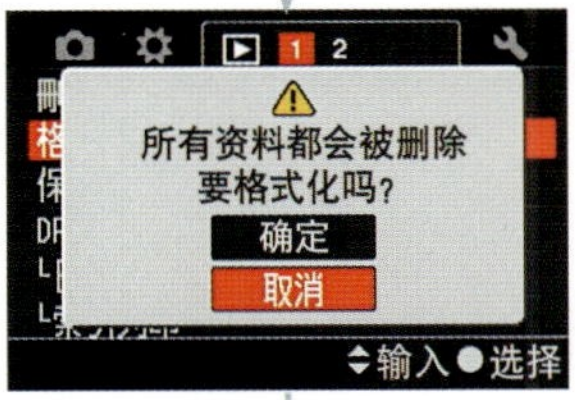

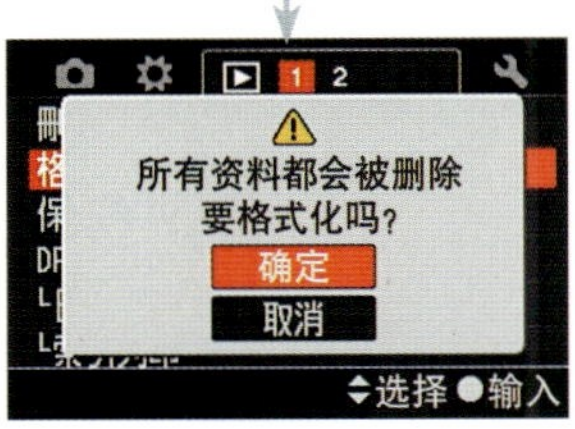

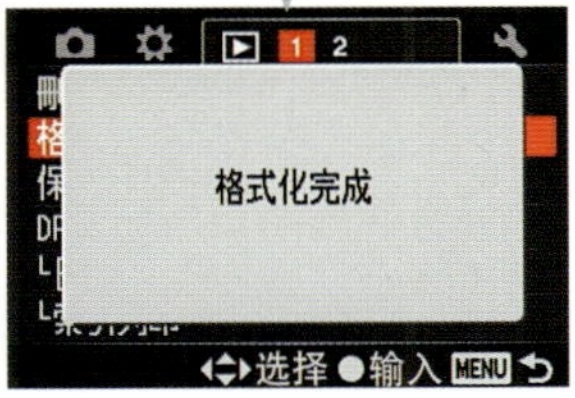

按一下目录菜单，进入“格式化”，按确定后，就会执行存储卡格式化动作，直到完成画面出现后即可。

打开相机存储卡插槽的盖子，将存储卡正确插入插槽内。

步骤6：影像尺寸及画质

目前存储卡容量越来越大、速度越来越快，价格却日趋便宜，如果用惯RAW格式的摄影朋友，直接就设定RAW格式储存；假设嫌RAW格式处理麻烦、耗时，则可设定最大像素、最小压缩，将有利于作品放大展示。

假设只拍些简单的画面记录，用以放在网站相簿、网页插图、投影简报等，也可设定中或低像素，可节省后期调整处理时间和硬盘空间。

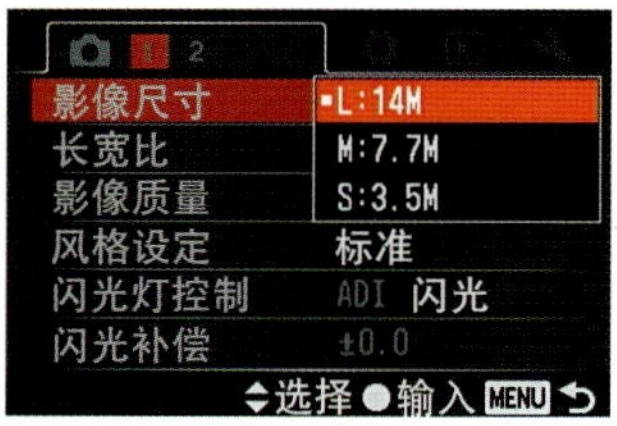

按一下目录菜单，进入选项找寻“影像尺寸”。在画质的设定中，内置三种影像尺寸模式可供选择，分别为L（大）、M（中）和S（小）。

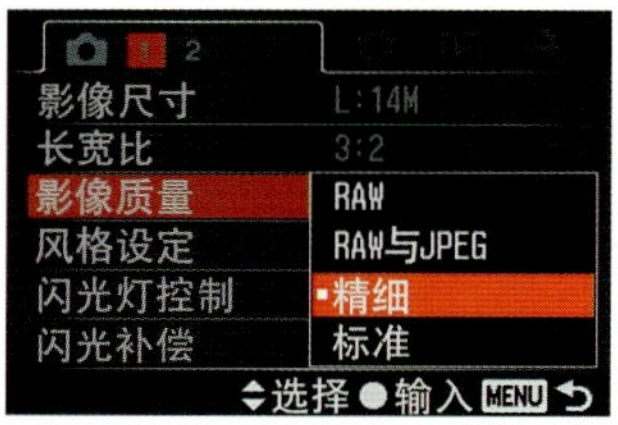

选择“影像质量”压缩程度，例如会有精细或标准，精细代表压缩较小，标准就是压缩会大一些。

何谓RAW格式？

在DSLR画质的菜单中，常常会看到一个选项是：RAW。简言之，RAW格式就是影像传感器所接收的R（红）、G（绿）、B（蓝）三项信息分别以单色影像储存在同一格式夹内，完整记录下来，没有经过格式转换，也无压缩，所以格式大小会较大，进入计算机后，转文件也需要一些时间，而且每个品牌的RAW文件格式，都有专属的处理软件，对于初学者来说会比较麻烦，不过这类格式后期调整空间是最大的，如果将来提高后，可以试着自行处理RAW文件，会逐渐发现选择RAW文件的好处是，能保存较丰富的细节，也可在影像后期调整时得到更多的细微调整；缺点则是此格式所需储存空间较大，同样的存储卡可储存容量要少很多，而且未经运算处理的原始RAW文件无法在一般软件下显示。

4GB的SD卡拍摄储存张数一览表

画质	像素（约）	可存张数（约）
RAW RAW+L（LargeNormal）	1220万	200张 240张
L（Large Fine） L（Large Normal）	1220万	920张 1760张
M（Middle Fine） M（Middle Normal）	630万	1540张 2940张
S（Small Fine） S（Small Normal）	340万	2380张 4580张
由于记录格式大小跟所拍的画面细节有关，因此拍摄张数只是概略计算数值，并非绝对值		

影像尺寸、像素与输出的对应关系

4272pixel × 2848 pixel = 约1220万像素（L）→输出A3作品
3088pixel × 2056 pixel = 约630万像素（M）→输出A4作品
2256pixel × 1504 pixel = 约340万像素（S）→输出4 × 6作品

相机的像素数是指影像纵向与横向的点数数值相乘的所得，设定的像素越高，同样大小的存储卡内，能捕捉的张数也会比较少。

假设拍摄的作品是用来作印刷或输出大图、放大展览等用途，建议把影像尺寸设定在最高像素，较大的影像不仅在将来使用时的弹性较大，还可以轻易透过软件转成低像素档；假若拍摄低像素文件，即使经过软件仿真运算往上修正而放大，影像中原有的细节也会丧失，甚至拉得太高反而会出现马赛克影像，画面就不够完美了。

例如这样满版的作品，其实600万像素已经足够。（Sony α 900+85mm f/1.4。光圈优先f/1.4，快门1/640秒，ISO 100，日光白平衡，JPEG）

步骤7：白平衡

DSLR通常会内建数个基本白平衡，例如自动、日光、灯泡及自定白平衡模式，甚至还有色温K数设定。

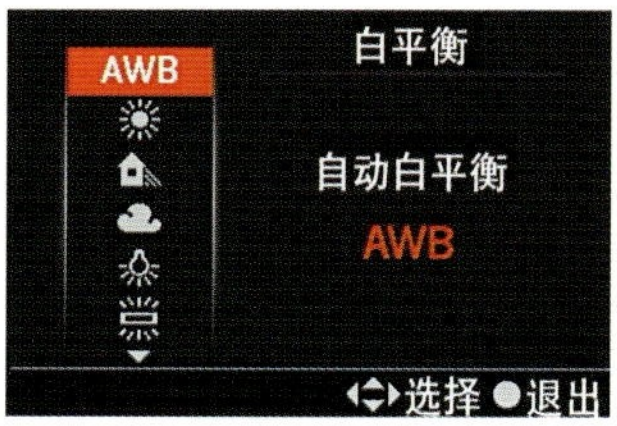

进入“白平衡”菜单，可看到多种内建的对应灯光可设定。

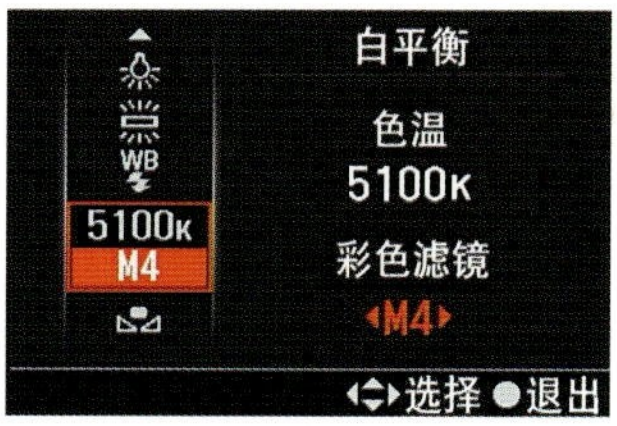

如果知道光源K数，也可以直接将色温值输入。

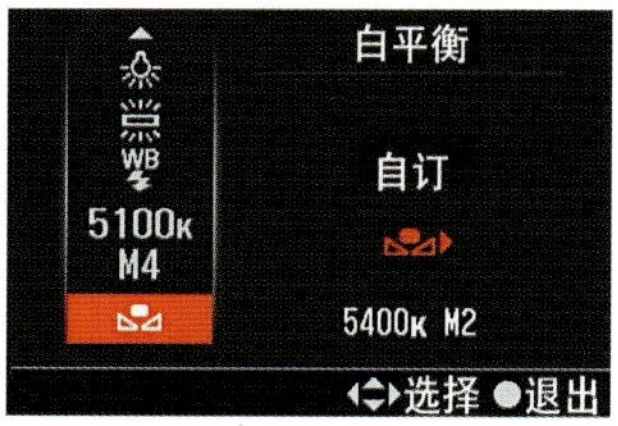

也可手动设定白平衡。

在同一个环境光源下，设定不同的色温就会产生不同的色调。

步骤8：设定ISO数值

感光度在每次拍摄之前，都建议使用者检查这项设定，毕竟将来拍摄RAW档，就算白平衡、曝光量等出现问题，都还有机会利用后期调整软件进行修正，但是ISO值如果不对，就很难用软件去拯救了！

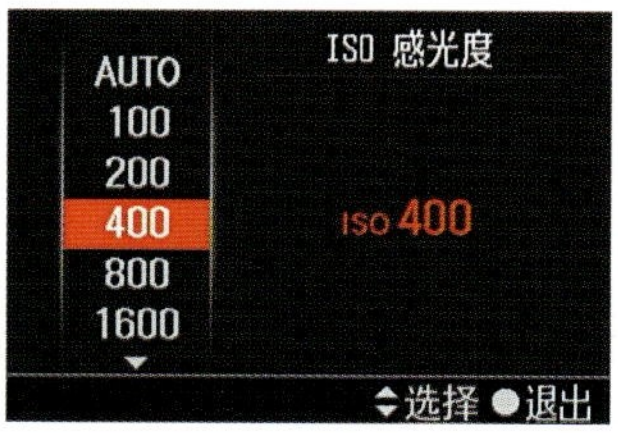

进入“ISO”菜单，即可设定选择适当的感光度。

步骤9：对焦点选择

对焦点通常会有局部、中间点对焦或自己设定对焦点，建议使用者初期可先习惯中间点对焦，之后再来灵活运用。

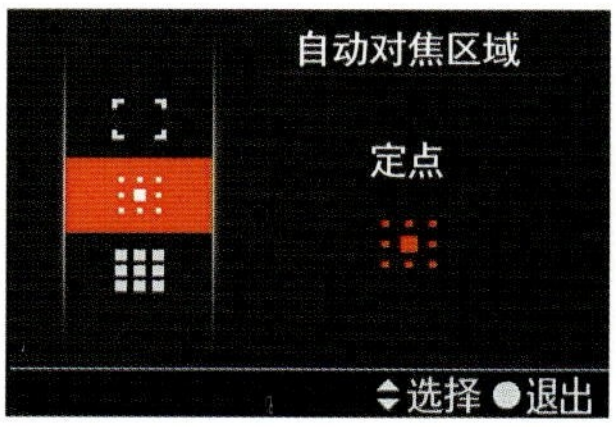

进入“对焦点”，可选择中间点对焦，先习惯利用中间点半按快门对焦之后，在焦平面上平移构图后按下快门。

步骤10：对焦模式

这牵涉拍摄主体是否会移动来决定设定在哪个模式，通常拍摄一般的画面，都是利用单次对焦即可，不然在半按快门对焦完成后，移动构图的同时，焦点又会随着平移而移动；反之，拍摄运动物体，就可以利用连续追焦的方式去捕捉。

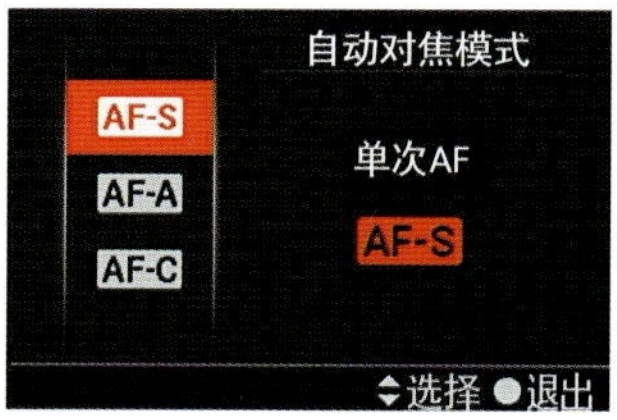

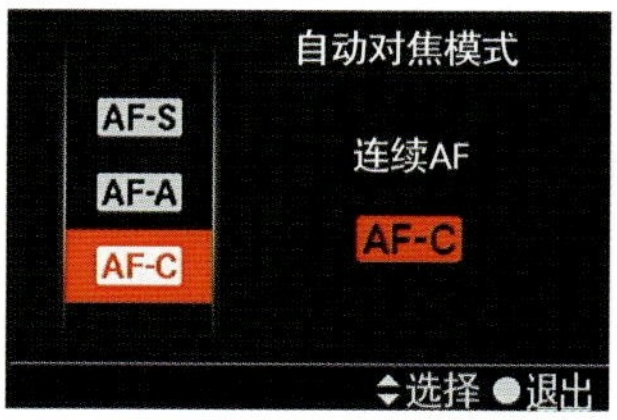

拍摄单张固定的主体，可设定在AF-S单次对焦；如果要拍摄移动中的主角，可将对焦点设定于AF-C连续对焦。

步骤11：驱动模式

通常拍摄作品，建议用单张驱动即可；假设需要拍摄连续动作画面，可设定在连拍；如遇到拍摄夜景又无快门线时，可采用倒数自拍，避免按下快门的震动，而这种模式也是当无人拍合照时，架设三脚架按下快门后，快步跑向被拍位置，让相机倒数后按下快门，如此一来，就不会是老帮大家拍照，却永远无照片的幕后工作人员了！

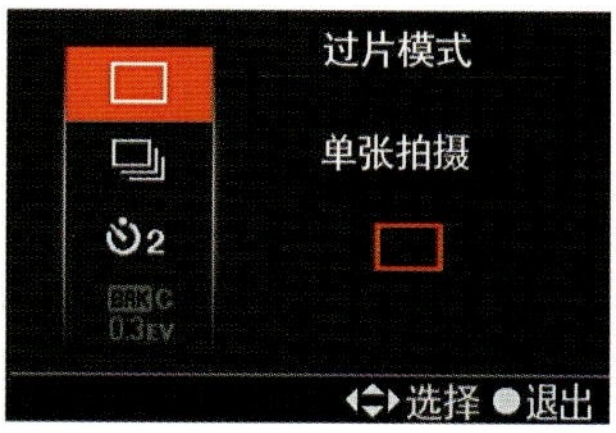

驱动模式是按下快门的张数，可单张单张拍摄，也可进行连拍或倒数计时自拍，这也是拍摄前必要的设定之一。

这是一张善用混合色温加上高ISO的创作，一切都是从基础设定开始，熟悉后可以灵活运用，拍出有变化的作品。（FUJIFILM FinePix S5Pro+ AF Nikkor 24-85mm f/2.8-4D的28mm镜头。f/5， 快门1/60秒， ISO 1250，手动白平衡， JPEG）

交换镜头大解析
数码时代必备滤镜

数码单反相机相较于普通机种的优势，就是可选购焦距更广或更远、像差校正更好、光圈更大的定焦或恒定大光圈变焦等镜头，因此认识交换镜头，依题材选用适当焦距工具，并搭载数码时代必备滤镜，于影像创作上，淋漓尽致地发挥所有光学效能。

对于刚选购DSLR的新手来说，选购镜头是一个新鲜、有趣并且充满好奇的课题，在摄影授课场合，最常被询问到的问题是：已经买了某某相机，镜头该如何选择呢？要拍人像、昆虫，还有小宝宝该选购哪些变焦镜头才够用呢？

这个问题可分为两个部分来看，一是完全不知道自己对哪些拍摄主题感兴趣时的初学者；另一部分则是已经清楚自己想要拍摄的作品类别的摄影爱好者。

一般来说，要从这么多镜头中挑选第一支镜头，除非已经是摄影老手，否则建议从套机的标准变焦镜头（又称Kit镜）开始使用。

这类Kit镜的规格通常介于18~70mm（换算35mm为27~105mm）；光圈在f/3.5~5.6，从规格看来，虽然光圈不够大是其缺点，不过便宜的价格却大幅度降低摄影爱好者的入门门坎，这类镜头在光学与镜组、质量上无法与恒定大光圈的镜头去比较，但对初学者正在摸索DSLR特性，及找寻摄影乐趣和拍摄主题时，已算能足够应付80%以上的快门时机。

虽说可应付多数拍摄状况，不过老是利用一机一镜，便会浪费了数码单反相机可交换镜头的优势，因此认识镜头与选购，成了随心所欲使用与变换焦距创作影像的第一课。

对于摄影水平已经提高的爱好者，建议先了解镜头特性，再依自己拍摄主题选购，例如喜欢拍摄小孩为主题，50mm f/1.4便是最佳利器，假如喜欢微距拍摄的爱好者来说，100mm Macro镜头也是必备工具之一，相对的也就不需要花大钱买下专门用于拍摄鸟类生态的500mm或600mm的镜头，而导致昂贵镜头无用武之地。因此，买镜头前最好先做功课或请教一些摄影老前辈，免得又再走一次金钱浪费之路，花钱之前，停、看、听，是很重要的。

认识交换镜头，依题材选用适当变焦工具，避免盲从的乱买镜头，才不会把昂贵镜头锁在防潮箱而无用武之地。

定焦镜与变焦镜头

对入门者来说，选购定焦镜头或变焦镜头，也是一门重要功课，定焦镜可获得比较优异画质的影像、具备较大的光圈值；变焦镜头则拥有快速变换取景范围、减少镜头携带支数、也可降低机身接环与镜头的摩损。

定焦镜结构简单，所以容易设计出像差校正理想的镜头，画质普遍也优于变焦镜头。变焦镜头迁就于制造成本与体积因素，所以很少有超过f/2.8大光圈的规格，但定焦镜却可以很轻松去达到体积小、光圈大的条件，除了可在光线较昏暗的环境下，争取理想的快门速度，也能轻松拍出浅景深的写真照。

变焦镜头的优势，可以让拍摄者在不移动的距离下，转动变焦环，精准构图取景，于涵盖的焦段范围内，把握更多的快门时机。假设摄影人偷懒，也可不带变焦范围内的定焦镜头，而一镜抵多镜。

变焦镜头还区分了恒定光圈及非恒定的差异，恒定光圈就是镜头在变焦范围的任一焦距中，最大光圈数值不会因为变焦而改变，这类镜头价格偏高，对于预算不高者并不适合；非恒定光圈则是在变焦范围中最大光圈数值会因变焦端而缩小，缺点是长焦端进光量变小，快门速度会变慢而较易产生晃动，而且当开启最大光圈拍摄所得影像画质并不理想，优点就是这类镜头比较便宜、轻巧易携带。

变焦镜头在取景构图上会较方便，可让摄影师于主体在同一个距离下，可变化各种不同构图及取景范围。
（Sony α900+ 70-200mm f/2.8 G的70mm端。光圈优先f/2.8，快门1/250秒，ISO 100，日光白平衡，RAW-左图）
（Sony α900+ 70-200mm f/2.8 G的200mm端。光圈优先f/2.8，快门1/250秒，ISO 100，日光白平衡，RAW-右图）

可在这两支镜头身上，分别看到几个数码，一支是50mm f/1.4，就是所谓的定焦镜头；另一个为16~35mm f/2.8，就是指这个镜头焦距可从16mm转动到35mm，在这范围内均可变焦取景，f/2.8则代表该镜是恒定光圈变焦镜头，不论是在哪个焦距内都可用最大光圈f/2.8拍摄，非恒定光圈则会有两个数码分别代表广角端与长焦端的最大光圈。

中长焦距的定焦大光圈镜头，可适时开大光圈，争取较快速的快门速度，也能轻易拍出浅景深、散景迷人的人像作品。
（Sony α900+ 85mm f/1.4。光圈优先f/2，快门1/250秒，ISO 100，日光白平衡，RAW）

不同变焦镜头拍摄所呈现的视野

站在与模特儿固定的距离，拍摄人像主体，在两者位置不变的状况下，更换不同焦距的镜头，而拍出不同角度的影像。（图为Sony α900拍摄）

24mm

50mm

70mm

135mm

200mm

不同变焦镜头所呈现的透视感

这是改变镜头焦距和拍摄位置，保持模特儿在画面上的大小相同，而拍出了不同透视感的画面，模特儿跟后面景物的距离透视关系。（图为Sony α 900拍摄，偏广角端会变形且夸大远近比，若取长焦端则压缩了空间感。）

24mm

50mm

70mm

135mm

200mm

鱼眼镜头

使用时机：鱼眼镜头可拍大头照的可爱变形照片

鱼眼镜头的影像扭曲变形感，是提供180° 的视角进行拍摄，可从范例照片看出周围变形的感觉，类似鱼眼圆凸的眼睛看世界，透过鱼眼镜头拍摄的作品都相当有趣，是拍摄大头照特效画面常用的镜头。利用这类镜头，可以贴近主体，因为他的对焦距离是近的，越贴近主体，其特效更明显。

另外，可以利用鱼眼镜头，在局限的空间内拍摄大景，再利用Photoshop等软件校正为超广角的画面，加上它的焦距短，对于安全快门的要求不高，甚至1/15秒手持都可以拍摄清楚画面，因此在室内光线不好或手持拍摄夜景，都还是很方便的小帮手。

鱼眼镜头周围变形的感觉相当有趣，用来拍摄人像也会有与众不同的效果。（Nikon D2x+ 10.5 mm f/2.8 Fisheye。光圈优先f/4，快门1/20秒，ISO 200，自动白平衡，RAW）

利用鱼眼镜头，贴近拍摄一组人的合照，效果也相当逗趣。（Sony α900+ 16 mm f/2.8 Fisheye。f/2.8，快门1/40秒，ISO 400，自动白平衡，RAW）

（超）广角镜头

使用时机：拍摄壮阔大景，展现影像气势或环境空间受限时使用

广角镜头具备视角宽的特性，可在有限的距离内，拍摄大范围景物，并且会突显前景而缩小远景，这种透视感可将背景景深拉开，延伸更壮阔的视觉刺激，提升整张影像张力，如果拍摄时贴近主体，也可以发现超广角镜头所呈现的夸张变形，可增加影像的趣味程度。

广角镜头拍摄风景，可以放入丰富的元素，景深较深，更能轻易表现风景特色。（Canon EOS 5D+ 16-35mm f/2.8L的24mm端。光圈优先f/5.6， 快门1/640秒， ISO 100， 日光白平衡， RAW）

广角镜头所拍摄的人像带景作品，跟一般的浅景深突显主题的调性是截然不同的。（FUJIFILM FinePix S5Pro+ AF-S DX Zoom Nikkor ED 12~24mm f/4G(IF)的12mm端。f/9， 快门1/100秒，ISO 100，日光白平衡， JPEG）

利用超广角端拍摄，其变形与构图的壮阔感，也是风景摄影常用的手法。（Sony α 900+ DT 11-18 mm f/4.5-5.6的11mm端。光圈优先f/4.5， 快门1/160秒， ISO 100， 自动白平衡， RAW）

超广角镜头，不但适用于拍摄大景，展现影像气势或环境空间受限时使用，人像创作主题，也可借助其较宽的视角，捕捉人带景物的特色影像，比起浅景深人像耐人寻味，但就是拍摄时要注意变形控制以及背景的安排，并特别小心模特儿在画面中的位置，以免出现严重变形而破坏美感，也得避开杂乱背景对主要影像的干扰，因此角度、构图、表达意境都得经过深思熟虑，较适合有一定水平的摄影师使用。

利用超广角端拍摄，其变形与构图的壮阔感，也是风景摄影常用的手法。（Sony α 900+ DT 11~18 mm f/4.5-5.6的11mm端。光圈优先f/4.5， 快门1/160秒， ISO 100， 自动白平衡， RAW）

广角镜头所拍摄的人像带景作品，跟一般的浅景深突显主题的照片是截然不同的。（FUJIFILM FinePix S5Pro+ AF-S DX Zoom Nikkor ED 12~24mm f/4G(IF)的12mm端。f/9，快门1/100秒，ISO 100，日光白平衡，JPEG）

标准镜头及标准变焦镜头

使用时机：标准变焦镜头是入门必备；而标准镜则是拍摄人像、儿童的利器

标准变焦镜头，涵盖了50mm范围，从小广角到小望远，拍摄的范围跟视觉效果，较为中规中矩，想制造影像震撼或变化，比较不容易。

学习摄影最常用的就是标准变焦镜头，初学者尚未确定喜欢的拍摄主题前，这类变焦头用途广泛且实用，可协助快速上手。至于要选择恒定光圈或非恒定呢？就得看需求及预算了，恒定光圈价格高、影像画质佳；非恒定则价格便宜、轻巧，比较适合初学者入门学习之用。

标准定焦50mm镜头，是大光圈等级中，性价比最优异的一款，因此也是笔者拿来练习构图或拍摄小孩的最佳帮手。该镜头不论是在全画幅或APS机身上，都可完整展现其魅力，适合人像作品创作，若能搭配大光圈使用，想营造背景模糊的浅景深，突显主题人物可不是难事。在不能使用闪光灯的昏暗室内，捕捉小孩的瞬间表情及动作，使用该标准镜头，除了拍摄距离适中外，还可采用大光圈争取更快速的快门速度，确保影像可清晰完整呈现。

标准变焦镜头中35mm焦段，搭载在APS系统的FinePix S5Pro，几乎等于35mm中的52.5mm，可利用拍摄角度的不同，获得不同视觉刺激的作品。（FUJIFILM FinePix S5Pro+AF Nikkor 24~85mm f/2.8~4D的35mm端。光圈优先f/4.5，快门1/100秒，ISO 200，日光白平衡，JPEG）

使用标准变焦镜头中52mm焦段拍摄，可练习构图的精简或创意的展现。（Nikon D2x+ AF Nikkor 24-85mm f/2.8~4D的52mm端。光圈优先f/8，快门1/200秒，ISO 400，自动白平衡，JPEG）

使用50mm大光圈定焦镜拍摄，可于室内环境下开启大光圈拍摄，除了争取够快速的快门，还能制造浅景深作品，是捕捉人像与小孩是最佳利器。（Canon EOS 5D+ Canon EF 50mm f/1.2L USM。光圈优先f/4，快门1/160秒，ISO 100，自动白平衡，RAW）

望远镜头

使用时机：捕捉远距离景物，可压缩前后景

比标准镜头长的变焦镜头称为望远镜头，视角比较窄，取景范围比标准镜头来得小，适合拍摄远距离的景物，这类镜头可压缩画面的前、中、后景，缩短了用肉眼看起来感觉很远的距离。

望远镜头可以压缩前后景的透视感，亦能简单拍摄出浅景深的视觉效果，但因为焦长过长，所以需要的安全快门速度要够快，才可拍摄清晰的影像，另外，由于对焦距离较远，拍摄人像时，与模特沟通必须大喊或比手划脚，过程会较辛苦。使用70~200mm，甚至300mm以上的超望远镜头搭配f/2.8大光圈拍摄时，除了要注意主体分辨率、景深是否足够，还得留意快门速度是否快过安全快门速度，使用望远镜头拍摄，还是建议利用三脚架辅助效果会比较好。

采用长焦变焦头，搭载大光圈，当摄影者与被摄者的距离够近，即可压缩背景及模糊化，来突显拍摄主体。（Sony α 900+ 70~200mm f/2.8的200mm端。光圈优先f/2.8，快门1/400秒，ISO 100，日光白平衡，RAW）

利用长焦镜头拍摄荷花，也是常用的手法，由于人跟花的距离受限，又无法靠近的时候，就得靠长焦镜头了。（Nikon D2x+ AF Nikkor 70~200mm f/2.8D的200mm端。光圈优先f/3.2，快门1/250秒，ISO 200，自动白平衡，JPEG）

采用长焦变焦头，搭载大光圈，当摄影者与被摄者的距离够近，即可压缩背景及模糊化，来突显拍摄主体。（Sony α 900+ 70~200mm f/2.8的200mm端。光圈优先f/2.8，快门1/400秒，ISO 100，日光白平衡，RAW）

何谓安全快门？

安全快门就是在不开启防抖功能，也无三脚架辅助时，手持相机能够稳定拍摄清晰画面的快门速度。理论上是利用变焦镜头的倒数来当做安全快门。举例说明，例如使用200mm焦段镜头，搭载于全幅机身时，快门速度要快过1/200秒才行。

不过，速度也因人而异，有些手部稳定度高的人或许能低于安全快门依然捕捉到清晰影像；有些手部会无意识发抖的人，就很难以这个理论估计快门速度了。

要捕捉远距离的景物，又受限于场地，就非得用长焦镜头将景物拉近才可以。（Canon EOS 5D+ EF 70~200mm f/2.8L USM的150mm端。光圈优先f/6.3， 快门1/1000秒， ISO 100， 自动白平衡， RAW）

采用微距镜头拍摄景物，通常景深都会相当的浅。（Sony α 900+100mm MACRO f/2.8。光圈优先f/2.8， 快门1/100秒， ISO 100， 日光白平衡， RAW）

微距镜头

主要用于拍摄商品特写及捕捉微小世界的画面。

微距镜头在结构上经过特殊设计，因此具备近距离对焦，并可将主体影像以1：1的放大倍率，呈现在影像传感器上，让摄影者可贴近拍摄到微小的商品、花蕊、昆虫等。

一般镜头受限于光学特性，在最近对焦距离上都不如微距镜头，所以用来拍摄微距创作是有困难的。

使用微距镜头时，由于对焦距离近、焦长又长，假设开启较大光圈，就会产生景深过浅、分辨率不高的现象，因此建议适当缩小光圈，增加景深范围，必要时采用三脚架及闪光灯作为辅助工具。

数码时代必备滤镜

除了购买镜头后必备的保护镜之外，滤镜也是镜头的重要配件。保护镜用来保护镜头，避免让镜头前端凸出的部分被弄脏及刮伤，是所有镜头的必要配件之一。在数码时代，偏光镜与中灰密度镜这两种滤镜是经常用到的，其余效果几乎都可以用后期调整软件来弥补。

偏光镜与中灰密度镜

偏光镜

中灰密度镜

加装偏光镜后拍摄，天空的蓝及颜色的饱和度皆加强了。（Nikon D2x+ AF Nikkor 24~85mm f/2.8-4D的35mm端。光圈优先f/9，快门1/2000秒，ISO 400，自动白平衡，JPEG）

偏光镜最主要的功能是可以将天空拍得更蓝，可提升色彩饱和度，让蓝天更蓝，当然也可以去除玻璃、水面的反射光，是必备的工具之一，而这类效果不是后期调整软件可做到的，所以偏光镜的价值也就仅次于保护镜了。

使用时，记得先拆下镜头前方的保护镜，再装上偏光镜，避免造成周围暗角产生，不过偏光镜可不是加装后就有效果的，需在完成取景构图、对焦后，旋转偏光镜前的镜片，直到透过取景器中看到光线变暗、蓝天变蓝或玻璃橱窗上的倒影不见时再按下快门，方可达到偏光的效果。

中灰密度镜主要是用于烈日下，要拍摄慢速快门的作品，必须加装中灰密度镜，减少进光量，举例来说，白天烈日照射下，就算把ISO与光圈调整至最小，还无法降到1秒左右的慢速快门，如果要捕捉涓涓瀑布水流的画面，就相当困难了。此时将中灰密度镜安装在镜头前方，可减少进光量，能延长曝光时间。

一般比较常见的有ND2、ND4、ND8及ND400，依序减光1级、2级、3级以及9级，对于风景摄影的爱好者来说，中灰密度镜的效果也是后期调整软件无法达到的！

加装中灰密度镜后，便可采用1秒的慢速快门，呈现涓涓水流的作品。（Nikon D2x+ AF Nikkor 70-200mm f/2.8D的145mm端。光圈优先f/22，快门1秒，ISO 100，自动白平衡，JPEG）

控制光圈，掌握快门速度与影像景深

光圈是镜头中用来控制进光量的精密零件，当光圈越大则需要的曝光时间愈短，反之，光圈越小则需要的曝光时间愈长。除此之外，光圈大小也会影响一张相片的景深，如能善用光圈数值，灵活搭配变焦镜头和拍摄距离，画面的变化会显得更加丰富。

通常可以把光圈想象成水龙头开关大小，当水龙头开到最大出水量，想要装满一杯水的时间，绝对会比水龙头关小出水量来得快，所需装满水的时间就较短。光圈除了控制进光量，搭配曝光时间以达影像正确曝光之外，还可控制画面景深。

影响快门速度与景深

要获得正确曝光量的作品，必须凭借光圈与快门正确搭配才行。光圈是控制光线透过镜头，瞬间进入相机进光量的装置，大小以F值表示，在镜头或开机后的机身屏幕上，可以找到光圈值，光圈值从1.4、2、2.8、4、5.6、8、11、16、22等依序排列，数码越小代表光圈越大；数码越大则光圈越小。

镜头内部的光圈叶片控制光圈大小，是由数片金属片组合而成，当光圈愈大（f/数值愈小）时，在单位时间内，能通过的光线量就愈多，因此快门速度（快门开启的时间）较短，也就是常说的在同样的环境下，光圈越大，快门越快。快门结构是用来控制通过光线的一个关卡，为了得到正确曝光量，光圈跟快门的组合是密不可分。

影响景深三要素

这两张相片同样都采光圈f/5.6拍摄，风景的部分是以Nikon D2x搭配12mm超广角拍摄，人像则是搭载85mm的中长变焦镜头，可以明显看出虽然光圈数值相同，但因焦距不同，也会产生景深差异。

影响景深有三个因素：使用镜头的焦距、相机和主体的距离、光圈大小。光圈愈大、镜头焦距愈长、拍摄距离愈短，三要素结合后，影像上就会产生浅景深。所以广角端虽用大光圈拍摄，但因为镜头特性跟拍摄距离，景深还是比长焦镜头来得深。换言之，就是在同样焦距下，光圈越大，景深会越浅；在同样光圈下，镜头焦距越长，景深也会越浅；假设是同一个光圈和焦距下，对焦距离越近，则景深越浅。

光圈影响景深的程度

● 光圈f/1.4

● 光圈f/2.8

● 光圈f/5.6

● 光圈f/8

● 光圈f/11

●光圈f/16

这六张照片是以同样85mm镜头在相同的拍摄距离，仅改变光圈值，分别为f/1.4、f/2.8、f/5.6、f/8、f/11、f/16拍摄而得，可看出控制三要素中的两个变化后，光圈大小对影像景深产生的变化范围。

大光圈可虚化背景、突显主题

对于背景杂乱的拍摄场景，如能善用中长变焦镜头，搭配大光圈，基于浅景深特性，背景与主体之间的距离，不在景深范围内，就能虚化杂乱的背景而突显主体，并出现迷人的散景与特殊的模糊味道，这在拍摄人像或室内环境拍摄儿童时都很常用。但在大光圈拍摄时的景深会较浅，稍有不慎就会有跑焦现象，因此拍摄过程中要特别注意这个小细节。

安装85mm变焦镜头，利用f/1.4大光圈于室内拍摄，除了可在不调高ISO状况下，提高快门速度，避免影像晃动之外，还能模糊背景、突显人物主题。（Sony α 700+ 85 mm f/1.4。光圈优先f/1.4， 快门1/60秒， ISO 100， 日光白平衡， RAW）

缩光圈，兼顾景深与影像质量

虽然众多人像摄影师与被拍摄者，都很喜爱大光圈的模糊味，不过并非所有照片皆用f/2.8拍摄就可以了，以大部分影像为例，景深过浅不见得是好事情。大光圈拍摄所得的影像，在画面周围较易产生松散现象，因此拍摄大景时，建议缩光圈至f/8左右或更小（大部分镜头设计，在光圈缩到f/8时，影像是最优异），除了可获得扎实影像外，在景深方面也比较充足，这较常用于拍摄商品，为求完整景深时会用到的诀窍。但是在缩小光圈同时，拍摄者也需要注意快门速度的变化，别顾此失彼。

如果用惯大光圈拍照，可试着将光圈缩小到f/8，影像中央到边缘将优于大光圈的成绩，景深范围也会跟着放大。（Nikon D2x+ AF Nikkor 24~85mm f/2.8-4D的40mm端。光圈优先f/8， 快门1/1600秒， ISO 200， 自动白平衡， JPEG）

广角镜强调整体感的深景深

若想要强调层次与夸张的透视感，就不适合采用长焦镜头，原因是该类镜头具有压缩特性，无法呈现完整的层次，这时建议利用超广角镜头，并在拍摄时缩小光圈，可获得更扎实、景深足够且透视感皆佳的作品。

不过，光圈缩小，瞬间进光亮变弱，会导致快门变慢，拍摄者需视情况使用脚架辅助去固定相机，避免影像模糊。

采超广角镜头，并缩小光圈，以利捕捉长景深、影像清晰的作品。（Nikon D2x+ AF-S DX Zoom Nikkor ED 12~24mm f/4G(IF)的12mm端。光圈优先f/8，快门1/800秒，ISO 400，自动白平衡）

开大光圈搭配高ISO，手持拍也没问题

拍摄夜景为求优异的画质，都会建议摄影者利用脚架，并采用低感光度、缩小光圈到f/11左右、开启噪点抑制功能长时间曝光，不过遇到临时状况，无法架设脚架时，该怎么拍呢？

先说这张作品，在街道上，由于有街灯、大楼灯光、应选择适当的色温，并将相机ISO调高至400度，并使用f/3.5大光圈，确保在安全快门下（镜头焦距的倒数），即立刻手持按下快门，虽然不算最佳画质的影像，但却是无法架设脚架情形下，捕捉夜景瞬间画面的好方法！

临时想要捕捉夜间的景色，不一定非要靠三脚架才行，设定高ISO搭配大光圈，也能手持拍摄不晃动的夜间作品。（Nikon D2x+ 10.5 mm f/2.8 Fisheye。光圈优先f/3.5，快门1/20秒，ISO 400，自动白平衡，RAW）

何谓景深

从范例图中，该照片是用光圈f/2.8拍摄，故景深较浅，可清楚看出的景深范围较短，人物背景的浅景深、散景，便不是景深范围内的影像。（Sony α 900+ 24-70mm T*f/2.8的70mm端。光圈优先f/2.8，快门1/60秒，ISO 200，日光白平衡，JPEG）

景深就是在焦点外，前后影像的清晰范围，这个范围称为景深，这范围愈大，从近到远就会愈清晰，也就是较深的景深；反之，清楚的范围越小，也就是较浅的景深。

何谓光圈优先

利用光圈优先拍摄作品，是摄影师常用的手法，原因是可轻松控制景深，展现自我影像创作原意，亦可瞬间从快门速度来判断是否需要更改ISO值。（Sony α 900+ 70~200mm f/2.8的200mm端。光圈优先f/2.8，快门1/320秒，ISO 100，日光白平衡，RAW）

光圈优先就是先给相机设定一个光圈数值，作为曝光控制首要条件依据，由相机依设定的感光度、进行测光后，决定快门速度的拍摄方式。

光圈大小直接影响画面景深，这是采用70~200mm的200mm，搭配光圈f/2.8拍摄。

使用光圈优先拍照，除了方便控制景深外，也利于工作时的光线控制，尤其碰到微光环境，采用大光圈争取更快速的快门，确保影像清晰，加上光圈优先可迅速反应快门是否在安全快门之中，假设最大光圈下，快门速度依然不足时，就能迅速利用调高ISO来解决。

活用快门速度，创作凝结瞬间或动感画面

拍摄环境下的光线强弱、镜头光圈大小设定与相机内的感光度，直接影响快门速度。因此，学习如何将光圈、感光度与快门速度做适当的搭配，便可随心所欲的捕捉流动的速度感或凝结瞬间的精彩画面。

快门速度，就是快门帘开启的时间，与感光度、光圈同为控制影像曝光量的三大因素。在光圈与感光度不变的状况下，改变快门速度就会影响影像的曝光量，换言之，就是快门速度越快，画面就显得曝光不足而越暗；快门速度越慢，画面就显得曝光过多而越亮。

因此，在感光度与光圈条件固定的情况下，快门速度则会因为环境光源强弱而改变，例如，白天户外或光线充足的环境下，要取得正确曝光的影像，所需的快门速度就较快；假设于昏暗光源或晚上拍摄，所需的快门时间会较长。

快门速度，是凝结影像或流动的关键

假设曝光量正确的条件下，变动光圈及ISO值，就会变更快门速度，该速度快慢，也会影响被摄主体于运动中的流动或凝结。

举例来说，拍摄流水，用1/500、1/1000秒这类高速快门，便能凝结水的流动，拍摄到水珠，就像时间暂时静止一般；假设利用1/15、1/2秒这样的慢速快门，影像会于曝光期间，将不断流动的溪水残影连接起来，获得的影像就仿佛丝绢一般的美丽。

至于想要表达怎样的风格，要看摄影师的想法，不过遇到类似夜景的状况，由于光线不充足，即使开大光圈、调高ISO值，依然无法达到“安全快门”时，就得用三脚架，利用慢速快门或B门曝光，方能捕捉到清晰的影像。

掌握较快速的快门速度，便可以将运动中的人像凝结于画面中。（Sony α 700+ DT 11~18 mm f/4.5-5.6的18mm端。f/10， 快门1/125秒，ISO 100， 日光白平衡，RAW， Comet PMT-1200外拍灯）

瞬间动感需采用高速快门

只要快门速度够快，无论怎样移动的物体，都可被凝结在画面中，但想获得高速快门，需要充足光源的环境，倘若光线条件不恰当，就只能放大镜头光圈或提高ISO来加快快门速度，甚至采用人造光源的辅助。

至于拍摄瞬间，需要怎样的快门速度，除了依题材及光圈所控制的景深外，安全快门速度也是考虑要素之一，假设快门过慢，还是建议使用三脚架才是唯一办法。

不同快门速度的效果

● 快门1/500秒

● 快门1/200秒

● 快门1/125秒

● 快门1/100秒

● 快门1/80秒

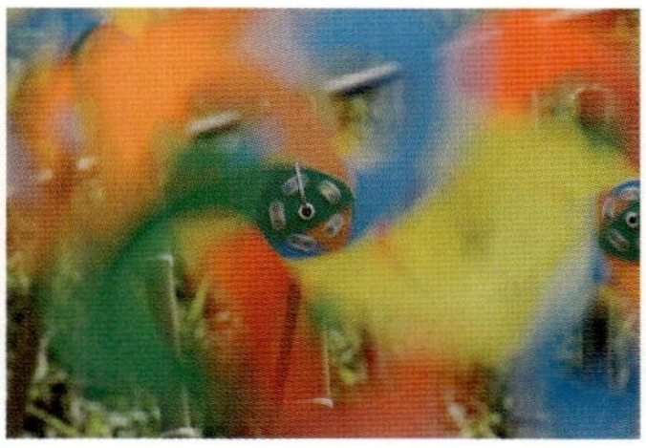

● 快门1/50秒

动感的画面，更易吸引目光

掌控快门速度，不只是为了要采用高速快门凝结速度感而已，还可以刻意利用慢速快门，将流动的主体，利用平面影像将流动感呈现出来，而慢速快门就是拉长曝光时间，当被摄主体产生移动，该影像就会记录曝光时间中它的移动轨迹。例如：拍摄夜景时，能够使用慢速快门拍摄车流的灯迹，由于曝光时间拉长，加上车子在曝光时间内产生移动，就会在画面上拖曳出不同的灯光轨迹。但随着曝光时间变长，影像的噪点也会增加，建议可开启消除噪点，保持作品画面的干净程度。

这是采用长时间曝光捕捉夜景作品，可发现原本在车道上行驶的车流，在画面上因为曝光时间较长，只会出现拖曳的车灯轨迹。（Sony α 700+ DT 11~18 mm f/4.5~5.6的16mm端。光圈优先f/22，快门15秒，ISO 100，自动白平衡，RAW）

善用测光模式与曝光补偿，轻松拍出正确曝光量

DSLR的测光功能通常有评价、中央重点、点测光三个，熟悉后可应付各种不同光源环境下的拍摄，测光表现精准、优异，才能拍摄出曝光正确的照片，若能加上摄影者的经验判断，善用曝光补偿、AE-Lock就能掌握作品的成功率。

测光方式是否可灵活运用、测光准确与否、是否会适时加上曝光补偿，皆是影响一张相片曝光量是否正确的主要原因。采用除了手动之外的模式，例如光圈优先拍摄，假设相机测光设定适合当下环境，摄影师就放开胆量将光圈告诉相机，相机便可响应一个正确的快门数值，只管按下快门，就可得到漂亮的相片。

各种测光设定

评价测光

POINT 1：符合大部分拍摄状况使用

POINT 2：必要时可搭配曝光补偿加减曝光

POINT 3：如遇逆光拍摄人像，避免被摄主体脸部过暗，可利用反光板或闪光灯补光

这是一种可应付大部分场合测光拍照的模式，就算拍摄主题在逆光条件下也可以，当设定在这个选项时，相机会针对整个取景器视野区域测光，配合数码相机中的数据库数据，相互比较得出一个较佳的测光数据，假如使用光圈优先，事先给予相机一个光圈数值，经过评价测光后的相机，也会告知一个搭配的快门速度组合。 在正常环境下，所得影像曝光量会相当接近，不过遇到逆光或白色背景、服装面积较多时，脸部就会过暗，可再利用曝光补偿增减，以取得正确曝光的影像。

中央重点测光

POINT 1：较精准的测光模式

POINT 2：可视拍摄结果搭配曝光补偿加减曝光

POINT 3：针对中央区域的测光

“中央重点测光”，相机半按快门后，会对整个画面进行测光，但中央部分的6mm×12mm面积范围，会占决定性测光数值的80%，这样一来就可以得到更细致的主体测光。

不过当遇到逆光或夜间环境下，还是必须要针对中央区域测光后的结果，进行微调增减曝光补偿，方可得到较正确的曝光量。

点测光

POINT 1：较常用于逆光拍摄

POINT 2：可视拍摄结果搭配曝光补偿加减曝光

POINT 3：如遇逆光拍摄人像脸部还是过暗，也可利用反光板或闪光灯补光

这种测光模式最常使用的环境就是逆光拍摄时，如果拍摄环境是逆光状态，建议采用点测光，虽然评价测光模式可以应付大部分的拍摄情境，可是相对的也会把背后强光，算进测光的范围之内，会让主体发生偏暗的现象。此时利用点测光，会针对测光点进行大范围光线为依据，不会加入背后光线一并测量，这样一来，才能得到较好的效果。倘若画面中人像不够美丽，建议以曝光补偿或反光板补强，结果会更令人喜爱。

AE-Lock

利用AE-Lock钮〈图中✱点〉，就不怕曝光值因为构图而变化了。

POINT 1：适合反差大环境拍摄使用

POINT 2：对焦后移动构图，避免反差大环境干扰测光，故使用曝光锁

曝光锁的用处很大，就是于测光后移动构图，也不会因为光差让曝光量改变，只要利用半按快门对焦、测光后，按住AE-L/AF-L钮不放，此时，相机的测光值就不会再更改了，就算是重新构图，测光点移到较暗或较亮的地方，还是保持一样准确不变动。

许多人习惯利用中央点对焦后，半按快门后锁定焦距再重新构图，此时若采用中央重点或点测光时，测光值就可能因构图移动，而随着画面中央的亮度变动，尤其是高反差与微光的环境下，测光常会因此失准。AE-Lock曝光锁的用途就是为了固定曝光值，只要先决定画面中的中间调，确认正确曝光数值后，按下AE-Lock后，就不会因为构图造成曝光值任意变动。

测光表

数码时代后还需要测光表吗？不是一看屏幕就可以立刻判断照片的曝光量是否正确？为什么还有人拍照前要用测光表呢？

其实主因是在于习惯问题，专业摄影师信赖测光表的程度，在传统银盐时代就已经建立，当初并没有数码影像可以立即检视，所以测光要更精确，加上在摄影棚内工作，相机无法知道目前的人造闪光光源的输出量，内建测光表就会失误，因此测光表还是有其必要的价值，棚内拍摄绝对是布光控光的最佳帮手。

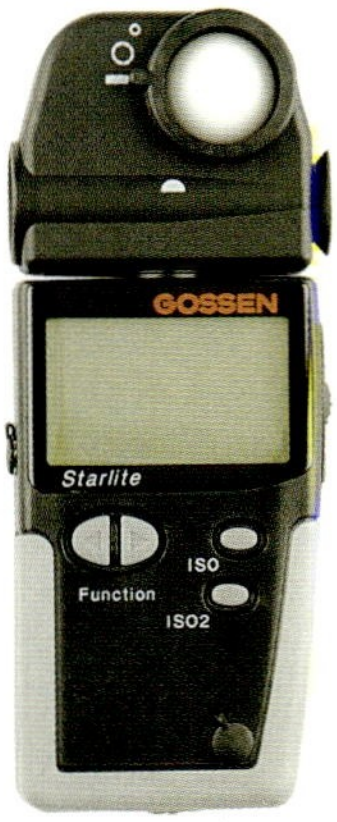

测光表还是很多摄影师在拍摄作品前，必要的辅助工具。

摄影棚中拍摄这类作品，由于人造闪光光源是相机内建测光表无法测到的光线，因此使用测光表测光，才是较正确及有效率的方式。（Sony α 900+ 100 mm MACRO f/2.8。f/32，快门1/125秒，ISO 100，日光白平衡，RAW）

适当调整曝光补偿

相机测光表，会因为被摄主体或画面中有黑色或大面积的白色时，就会误判测光的正确数值，黑色因其本身反射率低，所以测光表认为需要更多的曝光量才是正确的，结果如有人像在其中，肤色就会曝光过度；反之，白色面积较多时，例如穿着白色服装，会因为反射率较高，而误判成不需要太多曝光量，就会得到曝光不足的影像。

所以适当增加或减少曝光补偿，也有利于得到较好的影像。

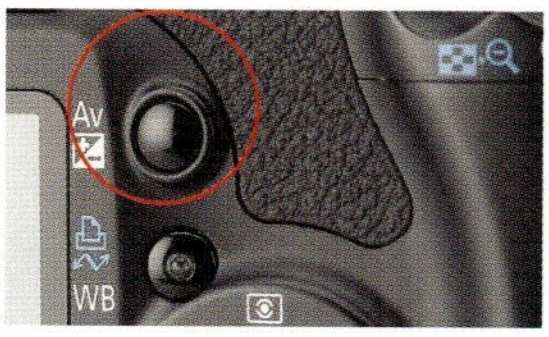

调整曝光补偿的方式，各厂家几乎都是按下曝光补偿按钮，转动转盘调整即可。

POINT 1：拍出过亮或过暗影像，进行调整补偿

POINT 2：拍摄重要作品时，可针对同一个景物，利用曝光补偿多拍几张

POINT 3：拍摄人物时，可以适时加0.3到1级的曝光补偿

曝光补偿的差异：

这七张作品分别为-3EV、-2EV、-1EV、0EV、+1EV、+2EV、+3EV，可明显看出曝光量的差异。

-3EV

-2EV

-1EV

0EV

+1EV

+2EV

+3EV

灵活变化ISO值，光线再暗也不怕

ISO感光度，跟传统时代购买100度或200、400度……胶卷是相同的，只不过以前相机内要更改胶卷感光度，得把底片取出，换上适当ISO感光度的片子继续拍摄，数码时代只要按下按钮选择适合的数值即可，相当快速与方便。

ISO值高低，代表相机感光能力的强弱，常见数值为：100、200、400、800、1600等，数值越低，感光能力就越弱，也就是说在同样的光线下，利用光圈优先，以相同的光圈数值测光，感光能力弱的低ISO，快门速度会较感光能力强的高ISO来得慢，因此在环境光源不足时，可以调高ISO争取较快的快门速度，确保影像不晃动，获得清晰画面。

这样说起来，似乎利用高ISO拍照是最方便的，在任何光源下，都会具备较快的快门速度，也就不会再拍出晃动不清楚的作品了。话虽如此，但高ISO有个较致命的缺点，就是影像传感器会提升对光线感应的能力，相对的在暗部上的感光也增强，而增加噪点且降低影像画质。

因此还是建议摄影者，需视光源来调整感光度，尽量不要将感光度设定在AUTO上，假若在户外光源充足时拍照，利用ISO 100或200，就已经绰绰有余；较为昏暗的场所，可先开启机身或镜头防抖功能，如果快门依然不够快，再逐一增加为ISO400或ISO800，而往上调整。

在微光下，快门速度不够快，可试着调高ISO值，提升感光能力，加快快门速度，此范例是采用ISO 640拍摄。（Nikon D2x+ AF Nikkor 24~85mm f/2.8-4D的24mm端。光圈优先f/4，快门1/25秒，ISO 640，自动白平衡，JPEG）

拍摄夜景人像时，若无脚架辅助，也可调高ISO进行创作，获得较清晰影像。（FUJIFILM FinePix S5Pro+ AF Nikkor 24~85mm f/2.8-4D的35mm端。f/5，快门1/40秒，ISO 1000，手动白平衡，JPEG）

各ISO的特性与使用时机

中感光度，如ISO 800

在室内微光环境下，先考虑光线影响快门速度，如过慢于安全快门，可以逐一增加ISO值。（Nikon D2x+ AF Nikkor 24~85mm f/2.8-4D的30mm端。光圈优先f/3.5，快门1/15秒，ISO 800，自动白平衡，JPEG）

高感光度，如ISO 1250

在光线昏暗或傍晚，可采用较高感光度，进行另类创作。（FUJIFILM FinePix S5Pro+ AF Nikkor 24~85mm f/2.8-4D的35mm端。f/5，快门1/50秒，ISO 1250，手动白平衡，JPEG）

低感光度，如ISO 200

在光线充足环境下，由于快门速度够快，可采用ISO 100或200，捕捉影像画质较优异的作品。（Nikon D2x+ AF Nikkor 24~85mm f/2.8-4D的66mm端。光圈优先f/5.6，快门1/2000秒，ISO 200，自动白平衡，JPEG）

设定ISO值

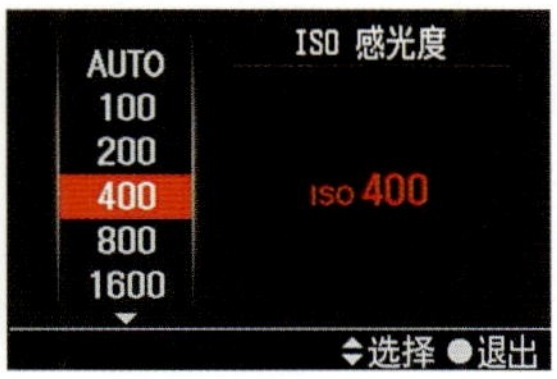

按下机身ISO按钮后，利用上下键或转盘来改变ISO值，确定后即可更改。

高感光度可开启噪点消除

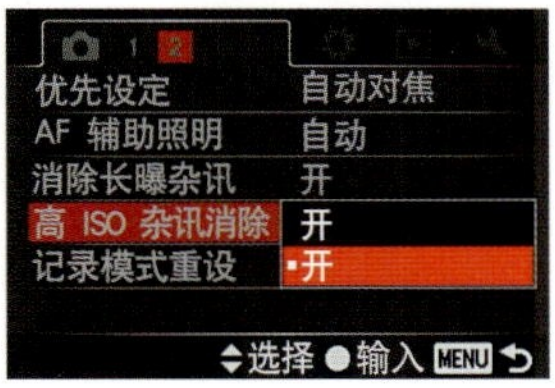

遇到调高感光度拍摄的时机，记得可开启高感光度噪点消除功能，虽然处理时间会比较耗时，不过却能换来较纯净的画面。

可搭配防抖功能一起使用

如果调高ISO极限，所谓的极限不是相机可设定的最高数值，而是对于拍摄出的画质可接受的底限，如能搭配防抖功能，对于影像的清晰程度会有小小帮助，再不行的话，就只能借三脚架辅助，固定相机拍摄了。

情境模式，拍出好照片的快捷方式

初级及中级DSLR在机顶上，均设计模式转盘，其中除了图案式的情境模式外，还有所谓的P、A、S、M，简易的情境模式，可确保初学者拍到好作品，减少挫折感及增加乐趣，延长对摄影的兴趣与热情。

全自动模式

“AUTO”全自动模式，跟大家用惯的傻瓜相机一样，只要拿起相机，半按快门对焦后，其他的全部都交给相机，摄影者只拥有选择镜头变焦、构图和按下快门的决定权，其余的例如光圈/快门组合、色彩模式、对焦点等都交给相机来处理。

要注意的是，自动模式下，闪光灯通常也是自动，假如室内光线过暗，就会弹起闪光灯适时补光。

转盘介绍
（以Canon EOS 450D为操控范例）

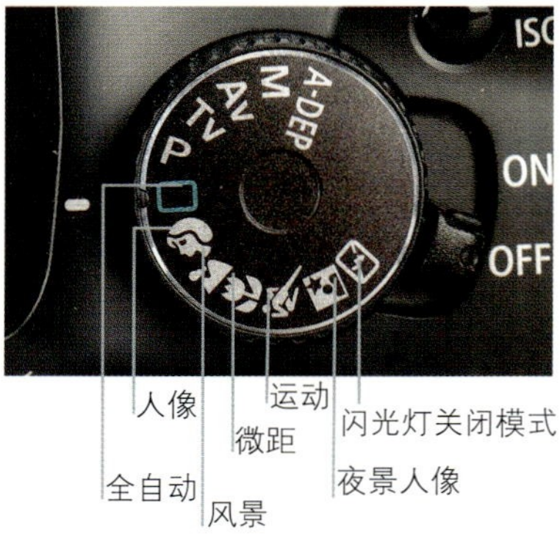

全自动模式下，几乎所有设定都交给相机，只要学会控制焦距取景与构图，也可以很轻松拍出亮丽作品。

人像模式

购买DSLR单反数码相机拍照的动机，大多数人都是为了出游留念作为生活日记，主题多半以人像为主，不论是旅游、外拍、作品、生活记录，画面中出现人物几率是最高的，所以当不知道该怎么设定才能拍下最美的人像时，将转盘功能调整到“人像模式”后，再进行半按快门对焦、构图，按下快门就可以了！

人像模式会将相机尽可能使用大光圈拍摄，营造背景模糊、主体清楚的作品，在拍摄半身、大半身和特写最为明显。

当拍摄人物为主题时，可使用人像模式进行创作。

风景模式

除了拍摄人像，风景也是出游必须拍摄的主题，看过人像之后，不得不看看风景模式的表现成绩。当设定在风景模式下，就刚好与人像模式相反，相机会尽可能的缩小光圈，强调景深并呈现整个风景照片的壮丽，除此之外，为了达到清新鲜艳的颜色，也会将色彩模式定为适合风景表现的状态，去捕捉色彩及反差层次皆优异的风景照。如能搭配较广的如12~24mm或16~35mm此类广角镜头，可拍出更壮阔的视觉震撼。

搭配超广角镜头，并将转盘设定在风景模式下，即可轻松拍出美丽的风景作品。

运动模式

运动模式主要是拍摄动态主题，例如运动比赛、赛马、走秀、自行车等，在还未熟悉快门与光圈的关系之前，假设用全自动或手动模式去拍摄运动中的主体，可能会得到主体模糊或光线过暗、过亮的作品。

想要凝结动态画面，利用快速快门去捕捉是较恰当的，假设不懂快门优先的使用方式和技巧，将转盘设定在运动模式，也能达到相同的效果，通常相机在该模式下，对焦功能会设定在连续对焦，以利半按快门，持续追踪移动物体进行正确对焦。

微距摄影

相信很多用惯普通型数码相机的朋友，对这项功能绝对不陌生，利用一朵小花代替该项拍摄模式，或许是很多喜爱拍摄微距的玩家，特别喜欢拍花朵的艳丽吧，用这符号代表可让初学者一目了然，特别容易联想。

话说回来，美丽的小花怎么拍？说穿了很简单，启动近拍模式再搭配一支微距镜头就可以了。以往利用普通数码相机，最近对焦距离会影响到微距摄影的功力，换到数码单反相机上呢？难道是可以为所欲为的靠近对焦吗？当然不是，最近对焦距离是牵涉每个镜头的极限，也关系到拍摄主题，如拍摄生态、昆虫、蝴蝶等，若是对焦距离太近，可就吓跑那些可爱的小动物、昆虫了，如果对焦距离远，还能放大1：1的比率，就是一支适合拍摄微距的镜头，对焦距离远的好处，除了不吓走生物外，还拥有充分的闪光灯工作距离。

利用微距功能，还是得搭配微距镜头才可以的。

夜间人像模式

当采用全自动模式在夜间环境下拍摄人像时，闪光灯会自动弹起补光，但由于该模式下快门速度会受限，所以拍出来的作品往往都是人像主体过亮，背景却昏暗无光，只会拍出一张不好看的夜间人像画面。

只要利用夜间人像模式，即可改善这些现象，在该设定下，光圈快门的组合会尽量开大光圈，并采用慢快门闪灯同步进行作品补光，轻松拍摄出背景跟人像都很明亮的影像。但基于夜景人像光线都不充足，所以快门速度通常都会慢于安全快门，建议还是利用三脚架支撑相机，稳定机身慢速快门曝光，获得背景清晰的画面。

采取夜间人像模式，可拍到背景很明亮且跟主体协调的影像。

闪光灯关闭模式

闪光灯关闭跟夜景模式相同，有些厂家的DSLR会直接利用夜景图示代表，设定在该模式下，相机会自动将闪光灯强制关闭，并以“慢速快门”为优先设定，因此拍摄夜景这类作品，由于光线微弱，加上该模式下会将光圈缩小，利用长时间曝光来捕捉夜景，因此三脚架就变成必备的辅助工具了。

闪光灯关闭模式拍摄夜景，必须依赖三脚架稳定机身进行长时间曝光。

使用先进的P模式，快速方便地猎取影像

数码单反相机除了使用情境模式来拍照之外，也可以试着用更先进的模式来拍摄，这些先进的拍摄模式包含了P、S、A及M四种模式。P、S、A、M便是透过机器自动或半自动及手动的来运用光圈及快门的作用，让拍照更方便，又能拥有自己的想法。其中最适合快速入门的就是P模式。

什么是P模式

所谓的P模式就是程序自动曝光模式。相机会依据进入画面的光线亮度，自动调设光圈及快门速度。与全自动模式不同之处在于闪光灯不会因光线不足而自动弹起照明，但在取景窗内及LCD面板上会出现提醒标志。

在P模式之下，使用者可以不用考虑太多拍摄的设定，一切交给相机搞定，拍摄者只要专心的去发掘有趣的场景，框取漂亮的画面，适时地按下快门按钮就行了。

什么时候用P模式

任何想用的时都可以。由于在P模式之下，相机会根据现场的环境自动调整光圈和快门，建议P模式用在一些轻松的拍照场合，比如生活记录，简单的旅游照等，以拍下当场的实况为主，不需要特别的拍摄手法去强化视觉效果。

P模式也可以说是接近真实感的模式，图为分别使用P模式及A模式（稍后会提及）的差异，使用P模式的感觉比较像人自身肉眼看到的，A模式则在开大光圈的效果之下，主体显得更突出。（Canon EOS 400D+EF50mm。分别用P模式及Av模式， ISO 100，日光白平衡， JPEG）

P模式适合生活记录或旅游的街头速写，拍摄者不用担心太多技术的细节问题。（Canon EOS 400D+EF-S 18~55mm IS的18mm端。P模式f/8， 快门1/125秒， ISO 100，日光白平衡， JPEG）

P模式请专心构图

正由于使用P模式不用花太多心思在技术细节上，常会有初学者随意乱按快门，拍出一堆没有主题的作品来。因此在使用P模式时，请务必专心构图，思索一下是要表达什么样的主题，主题在画面中的样子够不够好看，再按下快门。

只要用心寻找美丽的景致，专心构图，用P模式让摄影既轻松又漂亮。

左图（Nikon D90+AF-S 70~200mm的125mm端。P模式f/8，快门1/500秒，ISO 640，日光白平衡，JPEG）

右图（Canon EOS 1000D+EF-S17~85mm IS USM。P模式f/5.6，快门1/125秒，ISO 400，日光白平衡，JPEG）

用P模式来捕捉旅途上瞬间的景物变化是最快意的一件事情了，不怕错过精彩画面。

（Nikon D70+AF-S DX12~24mm f/4 的12mm端。P模式f/11，快门1/125秒，ISO 200，日光白平衡，JPEG）

P与全自动模式的差别

使用全自动模式会自动设定许多功能，如自动对焦模式、驱动模式及内置闪光灯，以避免初学者犯错，使用者可以设定的功能是有限的。使用P模式则不然，只有快门速度及光圈会自动设定。可以随意设定自动对焦模式、驱动模式、内置闪光灯及其他功能。

P AUTO

学会光圈优先A模式，拍出有景深感的照片

光圈优先是数码单反相机比较先进的拍摄模式之一，也是最常使用的拍摄模式。

它的运作原理是使用者先行设定光圈值之后，相机的测光系统依现场光线的强弱，自动搭配适当的快门速度，让画面有适当的明暗度。因相机品牌的不同，光圈优先的标示有的是“A”也有的标成“Av”。

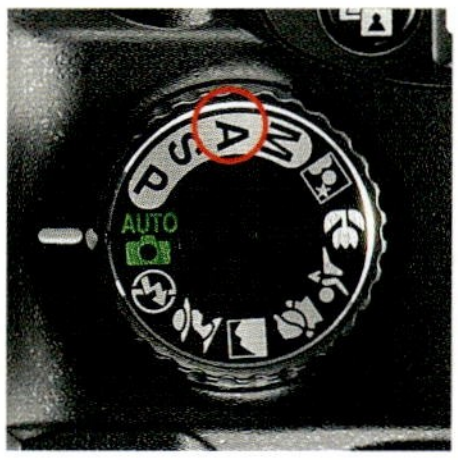

不同品牌的机身，对于光圈优先的标示不同，但是用法是一致的。

（Canon EOS 450D+EF-S 18~55mm IS的18mm端。Av模式f/5.6，快门1/125秒，ISO 100，日光白平衡，JPEG）

光圈值怎么设定？

依品牌及机型的不同，光圈值的设定操作也不太一样。大多数的机型都是先将拍摄模式转盘转到A（1），再转动命令转盘即可（2）。

人像摄影的光圈设定运用

要拍好人像，光圈优先的运用也是基本功之一。光圈优先的使用频率很高，对于人像摄影来说，光圈优先正是许多人像摄影高手爱用的模式！如何运用光圈优先来拍摄人像呢？请看摄影高手们的设定。

特写时使用中等略大的光圈f/4或f/5.6

拍摄特写的人像照片时，除了采用中焦段的镜头（如50mm等），在光圈的设定上，可以将机身拍摄模式设定在光圈优先，并把光圈值设定在f/4到f/5.6左右即可。这样的光圈大小，也是入门机身搭配的Kit镜可以轻松设定的。

为什么要设定在f/5.6呢？因为拍摄半身人像时，希望景深能适当地把人的轮廓表现出来，也能让背景适当的模糊。

用长镜头拍摄全身时，就开放大的光圈f/2.8

当拍摄全身的人像照片时，想要拍出浅景深的感觉，就要使用长焦距的镜头（如200mm等），在光圈的设定上，则是把它开到最大，如果用的是f/2.8的镜头，也把光圈开到最大就可以了！

（Canon EOS 350D+EF 70-200mm f/2.8 L USM的200mm端。Av模式f/2.8，快门1/125秒，ISO 100，日光白平衡，JPEG）

拍摄欢乐的团体照，就要缩小光圈

一大组人一起合照时，要怎么样才能拍的个个都清楚呢？使用光圈优先并将光圈设定在f/8或f/11，以便有足够的景深让大家都能在照片中看到清晰的自己。不过要注意，如果快门速度过慢，要小心按快门，避免晃动。

（Nikon D60+AF-S DX 16~105mm f/3.5-5.6 VR的24mm端。Av模式f/11，快门1/60秒，ISO 800，白平衡auto，JPEG）

风景摄影的光圈设定运用

相对于人像摄影在光圈优先模式之下，大多使用大光圈来拍出梦幻般的人像作品，风景类的题材则是偏重在中等光圈或小光圈的应用。因着不同风景手法的取材运镜，在光圈的设定数值也是有一些秘诀的。

（Nikon D80+AF-S DX 18~135mm f/3.5~5.6的18mm端。A模式f/11， 快门1/125秒， ISO 100，白平衡auto，JPEG）

用小光圈表现较大的景深手法f/11，f/16

风景摄影高手们也爱用光圈优先。在使用广角镜头拍摄壮丽的景色时，为求得画面有较大的景深，让前景、中景到远景都能清楚表现，可以在光圈优先的拍摄模式之下，把光圈值设定在f/11左右。

这样的设定在大晴天下是没有什么问题的，拍摄者只要细心构图取景即可，但在光线微弱的时候，要注意快门速度，如果太低的话，请启动防抖功能或使用三脚架来辅助。

（Canon EOS 400D+EF 70~200mm f/2.8 L USM的200mm端。Av模式f/8，快门1/250秒， ISO 200，日光白平衡， JPEG）

用中等光圈表现花卉质感

在特写花卉的时候，光圈如果设定太大，因为景深不足，会使得花朵局部模糊了，质感反而不好，此时便要适当的收缩光圈，才能拍出花朵细部的纹路及色彩，看起来更有层次。

开大光圈来拍摄宠物宝贝儿吧

愈来愈多的人养宠物了。当带着心爱的宠物到户外运动时，要捕捉动物的身影，除了用下个单元会介绍的快门优先模式之外，使用光圈优先来拍摄它们的特写照也是很酷的。

（Nikon D80+AF-S 70~200mm f/2.8 VR的200mm端。A模式f/4，快门1/500秒，ISO 400，白平衡auto，JPEG）

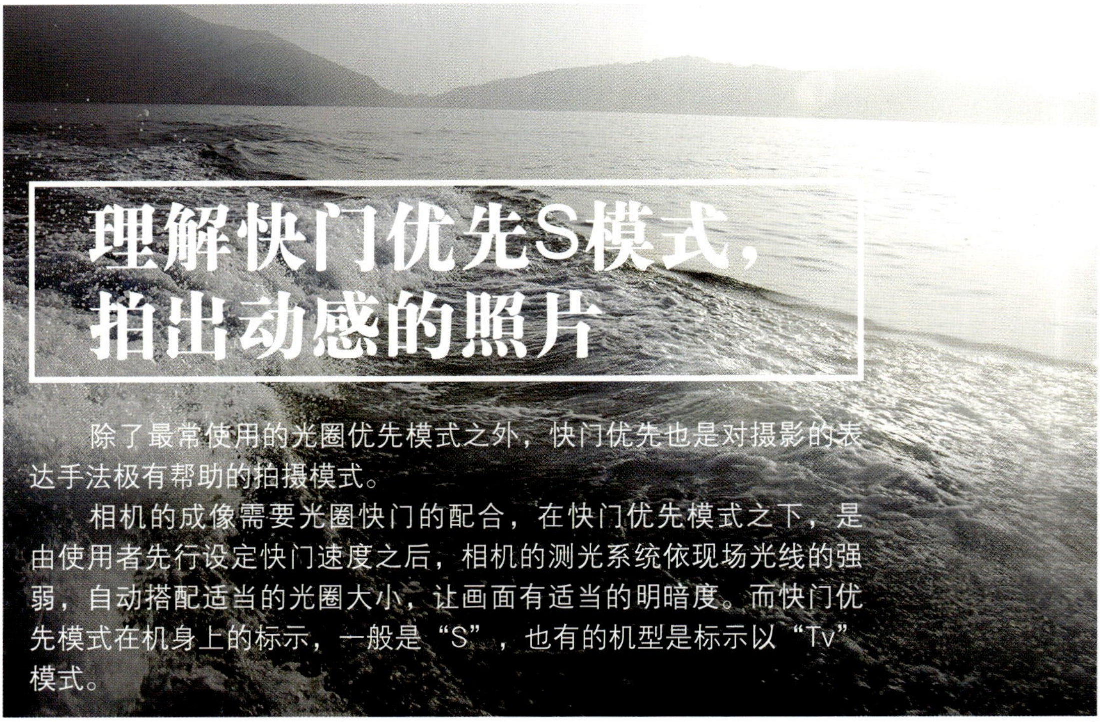

理解快门优先S模式，拍出动感的照片

除了最常使用的光圈优先模式之外，快门优先也是对摄影的表达手法极有帮助的拍摄模式。

相机的成像需要光圈快门的配合，在快门优先模式之下，是由使用者先行设定快门速度之后，相机的测光系统依现场光线的强弱，自动搭配适当的光圈大小，让画面有适当的明暗度。而快门优先模式在机身上的标示，一般是“S”，也有的机型是标示以“Tv”模式。

快门优先模式的标示因为品牌的差异，有的是标示为“S”，有的标示为“Tv”模式。

（Nikon D70+AF DX 18-70mm f/3.5-4.5 G的70mm端。S模式，快门速度1/60秒，ISO 100，日光白平衡，JPEG）

快门速度怎么设定

依品牌及机型的不同，光圈值的设定操作也不太一样。大多数的机型都是先将拍摄模式转盘转到S（1），再转动命令转盘即可（2）。

（Nikon D70+AF DX 18~70mm f/3.5-4.5 G的70mm端。S模式，快门速度1秒，ISO 100，日光白平衡，JPEG）

不同快门速度的运用要诀

快门优先模式用于拍摄和速度、动作有关的任何主题都适用。为了便于介绍，把快门速度区分为“高速”（1/1000秒以上）、“中速”（1/1000秒到1/60秒）及慢速快门（1/60秒以下）。

用慢速快门营造动感

高速快门可凝结动作，拍出清楚的画面，不过慢速快门也可以让画面拍出动感的效果。只要把相机设定在S模式，设定不同的快门速度，就可以看出因为快门速度不同，水流的表现也跟着不一样了，在慢速快门的作用之下，水流变成像棉花糖一样可爱。

用高速快门凝结精彩瞬间

慢速快门可以用来表现动感及柔美的感觉，如果要清晰的表现出奔跑中的狗狗踏过水面时水花四射的样子，还是以高速快门比较适合。把相机设定在快门优先，快门速度尽量调高，至少1/1000秒以上。如果动作很激烈时，甚至可以用更快的快门速度。

快门速度1/1000秒

快门速度1/125秒

（Canon EOS 450D+EF 70~200mm f/2.8 L USM的200mm端。Tv模式分别用1/1000秒及1/125秒， ISO 400，日光白平衡，JPEG）

现场环境光线差，快门速度不足。

提升感光度，便可获得足够快门速度。

快门速度不够的应变方式

光圈、快门及感光度是相互影响的。当现场光线不够强时，无法把快门速度调高，如何才能使快门速度提升到需要的设定值呢？这就要从感光度下手。把感光度设定也一并调高，便可在同样的环境下，得到更高的快门速度。

用中速快门拍摄静态事物

如果拍摄的主题本身并没有特别的动态时，过高的快门速度并没有必要，太慢的快门速度可能导致手振，此时是否就不能使用快门优先模式呢？当然不是。在拍摄一般事物时，如果不是考虑景深的表现，使用快门优先时，只要把快门速度设定在安全快门，即可避免因为快门速度过慢而造成的晃动。

（Nikon D60+AF-S 70~200mm f/2.8G VR的200mm端。S模式f/8，快门1/60秒，ISO 400，日光白平衡，JPEG）
宁静的湖面用任何快门速度拍起来都一样，过与不及都没有必要，像这样的题材，将快门速度设定在安全快门即可。

（Canon EOS 450D+EF 70~200mm f/2.8 L USM的200mm端。Tv模式，f/8，1/125秒，ISO 400，日光白平衡，JPEG）
对照前一页的狗狗，在它静静的立着的时候，快门速度就用一般中等的设定即可。

快门优先的注意事项

在设定快门速度时，除了考虑所提示的以不同快门速度来拍摄所需的主题之外，也要注意当时的光线状况，镜头的光圈是否能搭配得上。因此务必注意相机所给出的提示。

如果曝光效果太暗，最低的光圈值将会闪烁。如果发生这种情况，就要转动快门速度设定转盘，设定一个较低的快门速度或增大ISO感光度。

如果曝光效果太亮，最高的光圈值将会闪烁。如果发生这种情况，向右转动转盘设定一个较高的快门速度或减小ISO感光度。

用慢速快门来拍“追踪摄影”的技巧

经常在一些汽车竞赛的相关报道文章中，看过这种主体清楚而背景模糊的照片，这种超专业的拍摄手法称为“追踪摄影”。它的设定技巧，正可以运用本单元介绍的快门优先，把快门速度设定在1/60秒~1/30秒左右。并把对焦模式设定在“连续对焦”。

拍摄时，相机配合运动的主题左右移动，并保持在取景器中固定的位置，多练习几次，就能拍出这样的效果。如果快门速度过快，反而没有效果。

快门速度1/30秒。
（Sony α 350+DT 16~105mm f/3.5~5.6 的105mm端。S模式f/11，快门1/30秒，ISO 100，日光白平衡，JPEG）

快门速度1/500秒过快，没有动态效果。

懂得快门优先的运用原理，即使快得像战斗机的飞行画面也难不倒你了。
（Nikon D90+AF-S 300mm f/2.8。S模式f/11，快门1/2000秒，ISO 400，日光白平衡，JPEG）

全手动的M模式，完全掌握自己的相机

在了解了P、A及S模式之后，接下来就是全手动的M模式了，虽然它是所谓的全手动，使用起来并不麻烦，在某些拍摄场合，也非需要它不可呢。

由相机控制光圈及快门的P模式，自己设定光圈的A模式，自己设定快门的S模式，M模式就是完全由使用者设定光圈大小及快门速度。但仅止于光圈快门手动，对焦的部分，自动或手动是在别的设定选项，和拍摄模式无关。

M模式怎样操作？

1. 先将拍模式转盘转到M（手动）模式。

2. 依照想要的光圈或快门，先转动前转盘，设定光圈或快门其中一个数值。

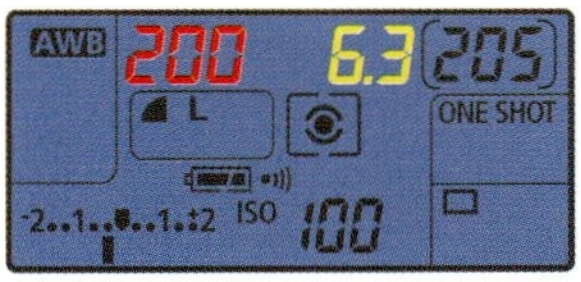

3. 依照相机的测光表的指示，转动转盘，以设定另一个数据，直到测光表的曝光量标志对准“0”，

标准曝光指数

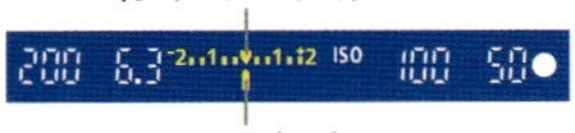

曝光量标志

4. 按一般的状况，对焦构图、按下快门钮完成拍摄。

光圈怎么设定？

单转盘的机型，单一转盘在M模式之下都是以设定快门为主，如果要设定光圈的数值，依着品牌及机型的不同，光圈值的设定操作也不太一样。大多数的机型都是按着机身上的“+/-”钮，再转动转盘即可。

这时候用M模式拍照就对了

1.摄影棚拍摄的场合。
2.拍摄夜景的场合。
3.晨昏摄影的场合。

用M模式拍摄夜景的设定要领

日落后的夜景，用M模式来拍就对了。拍摄时，除了将拍摄模式设定在"M"之外，还需要以下几个秘方的协助，才得以完成，那就是准备好快门线、三脚架及方便协助夜拍找东西的小手电筒。

拍摄时，可以先将光圈设定在f/16或f/22、快门速度则依据测光表指示，试拍几张，就能拍出理想的照片。

使用M模式。

（Canon EOS 450D+EF-S 10~22mm f/3.5~4.5 USM的10mm端。M模式，f/22，快门8秒，日光白平衡，JPEG）

使用自动模式。

一支稳定的三脚架，是拍摄夜景不可或缺的辅助配件。

用M模式拍摄逆光人像的要领

在窗户边或逆光的环境中，使用P、S、A等模式来拍摄人像时，常会拍出黑压压的人像，此时如果用M模式来拍摄会好些。拍摄时，先靠近被摄者，以M模式测好光圈与快门的组合之后，再回到理想的取景位置，半按快门对焦、构图，就可以拍出曝光正确的照片来。

✕

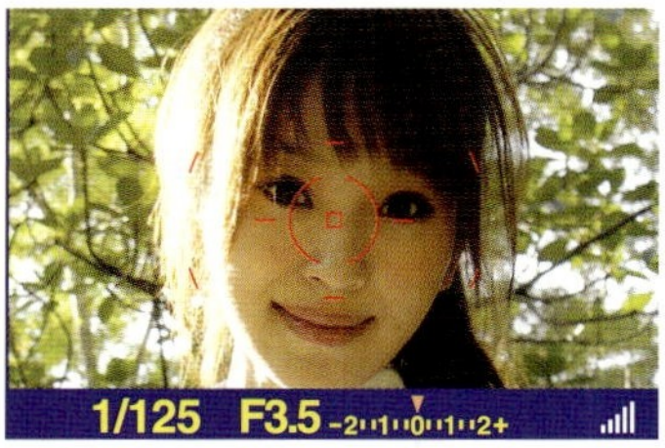

先靠近被摄者，让被摄者的脸部占满取景器，以M模式调好光圈快门，再回到预想的拍摄位置，构图、拍照即可。

○

（Sony α 350+DT 16~105mm f/3.5~5.6的20mm端。M模式，光圈f/5.6， 快门1/60秒， ISO 200，日光白平衡， JPEG）

晨昏摄影时，也是M模式发挥的好机会

在天空的层次与光线变化复杂的场合，大家喜欢的晨昏摄影就可以用M模式。拍摄时，设定好光圈之后，可以用不同的快门速度组合，就能拍出理想的照片。此时用其他的P、S、A模式，因为相机的测光容易被误导，反而不见得好用。至于配合“黑卡”的晨昏摄影技巧，更是非得需要用M模式来拍摄不可了。

使用M模式。
（Canon EOS 300D+EF-S 18~55mm f/3.5~5.6的18mm端。M模式， f/5.6，快门1/50秒，日光白平衡， JPEG）

使用自动模式，效果欠佳。

中灰渐变镜
中灰渐变镜是一块矩形的硬质玻璃或有机玻璃片，上面有深到浅灰色渐层涂装。主要是用来改善反差，最常见的例子就是减弱过亮的天空，让天空和地面(或山岳)的明亮程度能接近一致。

不同的对焦点与对焦模式
准确掌握拍摄主题

小时候我们可能在户外玩过放大镜，以手将放大镜接近或离开纸面的过程中，只有一个位置会让太阳的光点最小，最聚光，这个来回移动的过程，其实就是对焦。

相机的镜头如果要准备成像，也需要对焦这个动作。老式的相机如同玩放大镜一样，需要以手来对焦，目前的数码单反相机，都可以用相机的自对焦系统来帮助完成对焦的工作了，所以不用担心自己对焦对不准的问题。

不过新式的数码单反功能愈来愈强，在处理对焦的功能设定方面，有两件事情一定要了解，那就是“对焦模式”以及“对焦点选择”。

在半按快门之后，从取景器中便会看到景物由模糊变得清楚，这便是相机会进行自动对焦的动作。

基本的对焦功夫：对焦锁定

对焦时只要轻按快门按钮即可启动自动对焦（AF）。当合焦后，在取景器亮起对焦确认的绿灯，发出嘀声。只要将手指保持按钮半按状态，焦距就会锁定在当前位置，这称之为对焦锁定。对焦锁定可以保持主体目前和拍摄者之间的焦距，并且可以让拍摄者重新构图（上下左右移动构图，而不是前后方向），而不会因为失去焦距而模糊。

将被摄体放在取景器的AF区域中，然后半按下快门按钮。

半按的快门不要松手，重新进行拍摄构图。

完全按下快门按钮，即可完成拍摄照片。

何谓半按快门

DSLR相机的快门是两段式设计，当使用者轻按快门按钮，至感受到稍有压力时，便启动了第一段开关，DSLR开始进行对焦与测光，如果再将快门按钮继续往下便触动第二段开关，才会正式拍照。

一般称呼启动第一段开关的状态为“半按快门”，半按快门之后，数码相机就会开始对焦，对焦之后，物体才能清楚的成像。

什么是对焦模式？

所谓的对焦模式，就是指相机如何完成对焦的动作。常见的对焦模式有三种，分别是单次自动对焦（Single-Shot AF）、连续自动对焦（Continuous AF）及手动（Manual Focuse）。对焦模式的切换，有的在镜头的接环旁边，以“S、C及M”表示，有的则是在机身内的菜单中或在机顶有设定钮。

Nikon的对焦模式设定钮通常在镜头接环一侧。

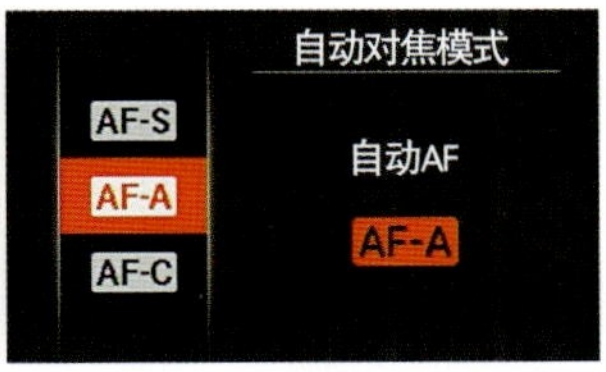

Sony α的入门级机身，对焦模式设定钮可以在菜单内设置。

Canon的入门级机身，对焦模式设定钮则在机背上。

单次自动对焦（Single-Shot AF）

当使用者与被摄者之间的距离固定，而且物体是静态的，可以使用单次自动对焦，这也是最常用的对焦模式。

通常，如果相机没有完成正确的对焦是无法按下快门钮的。

单次自动焦适用的场合：静物、风景人物、花卉

人物

（Sony α 350+DT16~105mm f/3.5~5.6的20mm端。A模式，光圈f/11，快门1/60秒，ISO 400，日光白平衡，JPEG）

静物

（Sony α 350+DT16~105mm f/3.5~5.6的55mm端。P模式，光圈f/5.6，快门1/125秒，ISO 400，日光白平衡，JPEG）

连续自动对焦（Continuous AF）

连续自动对焦通常用于运动摄影。当相机设定为连续自动对焦时，如果主体不断的朝向相机移动，只要摄影者将对焦点框在主体上，并保持半按快门按钮的动作，相机就会连续对焦。

通常这种对焦模式，要配合连拍的效果会更好。此外在本模式之下，只要拍摄者全按快门钮，相机即会拍摄照片，不管主体的对焦是否准确。

单次自动焦适用的场合：运动、竞速动态物体

运动中的小朋友

（Canon EOS 20D+EF 70~200mm f/2.8 L USM的200mm端。A模式，光圈f/4，快门1/125秒，ISO 400，日光白平衡，JPEG）

迎面而来的飞机

（Canon EOS 50D+EF 70~200mm f/2.8 L USM的200mm端。A模式，光圈f/11，快门1/1000秒，ISO 400，日光白平衡，JPEG）

手动对焦（MF）

在某些情况下，相机的自动对焦会失效，比如场景太暗、物体反差很低，比如单色的墙壁，会让机身的自动对焦系统失灵，这些情况下，手动对焦可能效果更好。

手动对焦是以手动的方式，以转动镜头上的对焦环来完成对焦。要进行手动对焦之前，先要将对焦模式切换到手动对焦（由机身上的设定或镜头本身）。来回转动对焦环，并以肉眼在取景器中确认主体是否变得清楚，当清楚地呈现即表示对焦准确了。

手动对焦适用的场合：微距、昏暗场所、任何自动对焦难以对焦的场所

先将对焦模式转盘转到MF（手动）模式。

转动镜头的对焦环，在取景器中确认主体是否清楚呈现。

任意变换所需的对焦区域

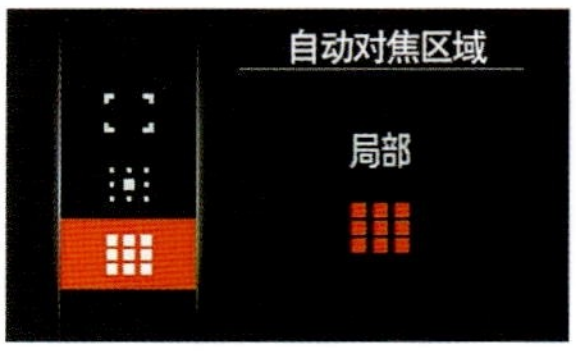

目前的DSLR都具有多个对焦区域，拍摄者一定要理解多对焦区域的运作及设定，才不会发生相机选择的对焦位置，和所想要的位置不一致的状况，一般来说，DSLR大致上可以区分为三种对焦区域模式，分别是广域（自动）、动态和单点。

广域或自动对焦区域——快速写意的用法

在这种模式之下，相机将自动选择包含离相机最近拍摄对象的对焦区域。通常在使用情境模式时，相机会自动设定为这种对焦模式，如果在高级的P、S、A、M模式，拍摄者未特别指定的话，也是这种模式。

在本模式之下，拍摄者无法决定对焦区域，完全任由相机决定，因此适合用在拍摄一般的旅游速写、生活记录或团体照之类的。

使用自动对焦区域模式。

动态区域——对付运动着的拍摄主体

拍摄者可以手动选择对焦区域，但即使拍摄对象暂时离开所选对焦区域，相机也会依据来自其他对焦区域的信息进行对焦。用于不规则运动中的拍摄对象。一般使用情境模式的“运动摄影模式”时，机身会自动将对焦模式切换至本模式。当使用P、S、A、M模式时，如果要拍摄运动主题，可以将对焦模式切换至连续对焦，并将对焦区域模式切换为动态，以增加成功的几率。

使用动态区域模式。

单点对焦区域——最实用的对焦区域模式

拍摄者可以运用对焦区域的操作钮。来选择特定的单一对焦区域，所选择的对焦区会亮红点，相机只会以使拍摄者所选择的对焦区域的物体进行对焦。

这是使用率最高的对焦区域模式，建议在静态及大多数的拍摄场合使用，如一般的人像和风景等。

使用单点对焦区域模式。

如何手动选择对焦区域

各品牌机身对于手动选择对焦区域的操作略有不同，以Sony α为例，任何一部机身均可以在切换对焦模式为“局部”时，摇动机背上的多功能选择器（如图A）。Nikon则是运用机背的多功能选择器（如图B）。Canon的机身则是按下焦点选择钮（1）之后，再运用机运用机背的多功能选择器（2）进行选择（如图C）。

A

B

C

正确使用白平衡，还原当下色彩情境

白平衡是数码相机特有的一项功能，它能让数码相机在不同的光源下，拍出和人的肉眼所见一致的色彩。

为什么需要进行白平衡的设定，什么又是白平衡呢?

为什么需要白平衡？

仔细观察DSLR拍出来的照片，其实在不同环境下或多或少都有些偏色。像在日光灯的环境中拍出的照片色彩会偏蓝或绿，但人眼中看起来和在白天的环境中的色彩并无不同，就是因为人的大脑会自行修正，但数码相机并不会，因此就必须进行修正，这种修正就叫做白平衡。

环境照明	日光	多云	日光灯	白炽灯
光线特性	正确白光	偏蓝	偏蓝或绿	偏红、偏黄

模拟DSLR在日光灯下的偏色。

经过适当白平衡，还原正确色彩。

白平衡的选定要领

在大多数光源下建议使用自动；如果需要可依据光源类型选择其他的设定。在情境模式下无法自行设定白平衡。

图示	白平衡模式	适用场合
	白炽灯	在白炽灯（也就是俗称的钨丝灯泡）照明下使用
	荧光灯	在荧光灯（所谓的日光灯）照明下使用
	直射阳光	在拍摄对象处于户外的阳光直射状态下使用
	闪光灯	与内置闪光灯或另购的外接闪光灯一起使用
	阴天	在白天多云时使用
	阴影	在白天拍摄对象处于阴影下时使用
	手动预设	使用灰色或白色物体，以及现有照片作为白平衡的参照

正确设定白平衡来修正偏色——钨丝灯下的人像

自动白平衡在大多数的状况下可以令人满意，但当现场光源的差异超过自动平衡能修正的幅度时，效果就不理想了。

这是以一个在室内使用钨丝灯为光源的人像来验证自动平衡的效果，左图为使用机身内的自动平衡选项的照片，感觉上无法完全修正因为钨丝灯光源造成的偏红情况。右图则是改用手选设定白平衡，并指定钨丝灯白平衡的情形，果然还原了正确的肤色。

■ 自动白平衡

■ 钨丝灯白平衡

强调夕阳的表现时，要设定为“直射阳光”白平衡

如果要强调夕阳西下的金色阳光，就要把拍摄时的白平衡设为“直射阳光”，如此才能让金黄的阳光不被自动平衡修正，变得不够火红。如果要强化它的红艳，有一个办法，就是设定成“阴天”白平衡，这虽然是个小窍门，不过它带来的效果还是不错的！

■ 自动白平衡

■ 直射阳光白平衡

■ 阴天白平衡

变换夜景的感觉——就用钨丝灯白平衡

在拍摄夜景时，如果使用自动白平衡，看起来画面略有偏红，不够惊艳。此时有个夜拍的白平衡窍门要告诉大家，那就是可以把白平衡调成钨丝灯白平衡，就能营造另一种超现实的梦幻感，这也是拍摄夜景的窍门！

■ 自动白平衡

■ 钨丝灯白平衡

高级阶段适用——用微调的K值来美白肤色

在某些机型除了以图像式的菜单来设白平衡之外，还可以设定以K度数（色温度）来进行细微的白平衡微调。

对于讲究色彩重现的人来说，微调K度数是让色彩表现更接近真实感，不过对于灵活运用白平衡的摄影朋友来说，微调K度数可以在拍摄时取得更美白的肌肤。基本的做法，是将白平衡设定在“K度数”，并将K度数设定在4700K左右。

不过在此要强调，这个方法并不是白平衡的本意，而是少数摄影爱好者用来微调肤色的变相做法。

■ 自动白平衡

设定为4700K让肤色变白皙。

掌握光的方向，提升作品质量

摄影是用光线来作画，理解光的特质，有助于提升作品的质感与深度。

光线的议题是严谨而复杂的，先以最简单的概念起个头，让大家对于光线的方向带来的作用有一个基本的认识，拍出精彩的好照片。

光的方向

采光的概念，第一件事是要了解光的方向。生活的环境是个立体空间中，可以想象成一个圆形的球体，而人所在的位置是在这个球体的剖面上。太阳的位置就在这个球体上移动。以这样的观念来看，光线有纵向及水平两个方向，为了方便大家了解，先探讨水平方向的光线。

光线因太阳、被摄体和拍摄者的相对位置而有了不同的变化，这些因素都影响拍摄效果。

水平的采光

以水平方向来看，光线因太阳、被摄体和拍摄者的相对位置而有了以下几个变化：

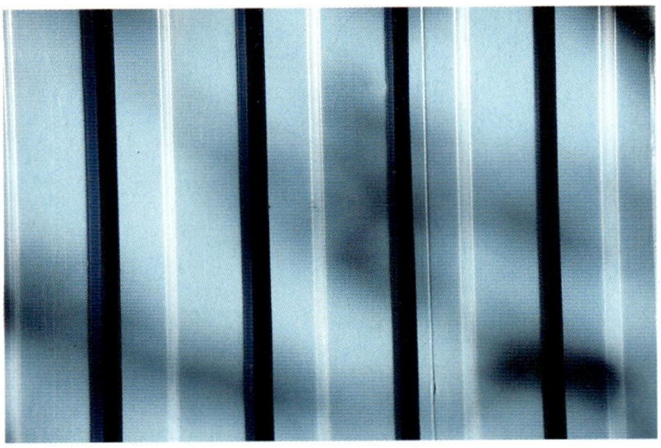

一个简单的示范用来说明光线的趣味。位在路边的货柜屋，一面接受到阳光，在有光影的作用时，对照于另一边没有光影的，显然光影带来了更多的视觉变化。

顺光的特性

顺光的时候，光源在摄影者的后方，正对着景物而照射。这时候的光线会让色彩最艳丽而且饱和，很适合作“色彩”方面的表现。

以拍摄题材来说，顺光用在风景摄影时很常见，不过用在人像摄影方面就不合适，因为顺光的艳阳会让被摄者的眼睛张不开，眯着眼的表情很奇怪。

一般的风景明信片最喜欢的采光方式就是顺光，使画面中的色彩变得十分艳丽，让人心旷神怡。（Nikon D70+Sigma 12~24mm f/4.5-5.6 DG的12mm端。A模式，光圈f/16，快门1/125秒，ISO 200，日光白平衡，JPEG）

(左下)
如果要把顺光用在人像摄影，要考虑被摄者受到强光后的表情，可能要等到太阳快要落在地平面时，光线变得柔和了才行。本范例便是拍摄在海边的货柜货，接近海平面的太阳，才让被摄者可以轻松面对镜头。（Canon EOS 5D Mark II+EF 17~40mm f/4 L USM的17mm端。P模式，光圈f/10，快门1/200秒，ISO 100，日光白平衡，JPEG）

(右下)
顺光的天空，在天气好的时候，不用任何滤镜或特殊手法，就可以拍到最蓝的天空。（Nikon D70+Sigma 12~24mm f/4.5-5.6 DG的12mm端。A模式，光圈f/22，快门1/60秒，ISO 200，日光白平衡，JPEG）

逆光

逆光就是光源在被摄景物的后方，摄影者的前方，这样的光线会让色彩变得灰暗，但是光线会强调被摄景物的轮廓，适合“形状”的表现。

对于人像摄影来说，逆光是很常见的摄影手法，以往在日式的人像写真，就经常运用逆光人像的采光方式。

逆光下，万物都变成了剪影，在逆光下虽然没有亮丽的色彩，但是利用剪影也可营造出属于逆光才有的趣味。（Nikon D70+Sigma 12~24mm f/4.5~5.6 DG的14mm端。A模式，光圈f/11，快门1/500秒，ISO 200，日光白平衡，JPEG）

逆光的注意事项

在逆光的环境中拍照，除了注意测光的技巧之外，也要注意防止光线直射镜头的情形。当太阳射入镜头之后，会造成画质粗糙及光斑，会干扰画面的视觉效果。

要防止这种光斑，可以在镜头前装置“遮光罩”，用来减轻这样的情形。遮光罩是一项有助于提升画质的镜头小配件，出门时别忘了它。

■ 未使用遮光罩

逆光拍摄时，很容易因为太阳射入镜头造成光斑，可以在镜头前装置遮光罩可以减轻这种现像。（Sony α 350+DT 16~105mm f/3.5~5.6的20mm端。A模式，光圈f/5.6，快门1/60秒+1.7EV，ISO400，日光白平衡，JPEG）

遮光罩装在镜头前的样子

■ 使用遮光罩

侧逆光及侧光

把侧逆光和侧光一起介绍的原因，是它们之间有时候不好区分，原因是当太阳由侧光转换到侧逆光的时间其实很短，拍摄者若是强要去区分有些困难的。虽说侧逆光和侧光在摄影采光上的技巧略有不同，特别是在人像摄影的时候。

由于受限于大自然的环境及拍摄者的位置，拍摄者很难去“创造”出侧逆光或侧光的效果，尤其是拍摄大的场景。

侧逆光及侧光者都有强调立体感的效果。适合强调“立体”及“质感”的拍摄手法。

从侧面而来的光线，会让景物变得很有立体感，原因就在于受光线照亮的面和阴影面形成的对比。（Sony α 350+70-200mm f/2.8 G的160mm端。A模式，光圈f/5.6，快门1/500秒，ISO 400，日光白平衡，JPEG）

对于拍摄人像，侧面运用的难度很高，常形成太大的反差而形成所谓的“黑白脸”，必要时可以用反光板或闪灯来平衡一下。（Sony α 350+DT 16-105mm f/3.5-5.6的16mm端。P模式，光圈f/8，快门1/60秒，ISO 200，日光白平衡，JPEG）

用构图诉说故事 拍出个人独特观点

构图在摄影创作方面占有极重要的分量。在数码科技日新用异、突飞猛进的时代，相机愈来愈聪明，它能自动对焦、曝光，但就是不能自动构图，构图的优劣就成了摄影者功力高下的指标。

在同样的环境下，构图也成了表现个人独特观点的手法，同样的景致，不同的人会拍出不同的效果，一起来了解构图的方法吧！

构图的概念

构图是把要拍摄的主题在画面中作个适当的安排。在构图的时候，要先确定的第一件事就是“谁是主题”？其实也就是谁是“主角”。有了主角，自然需要配角。不是讲说“红花也要绿叶来相配”吗？显然红花是主角，而绿叶则是配角。

以风景摄影来说，除了用主、配角来解读画面中的元素之外，因为距离摄影者的远近，而有远景、中景及近景的变化，对这些有了基本的认识之后，就可以进入构图的探讨了。

在这张照片中，显然这个小花是主角，拍摄者巧妙的运用大光圈的效果，让主角清楚的出现在画面中，而其余的配角或背景，都被排除在景深之外。（Nikon D90+AF-S 105mm f/2.8 G VR。A模式，光圈f/8，快门1/500秒，ISO 200，日光白平衡，JPEG）

基本的风景照片，由画面前方开始了所谓的“前景”、“中景”与“远景”，谁是主角谁是配角？这有赖于构图的技巧来形成重点了。（Canon EOS 450D+EF-S 10~22mm f/3.5~4.5 USM的10mm端。P模式，光圈f/8，快门1/125秒，ISO 100，日光白平衡，JPEG）

一张以人像为主的照片，画面中除了人像本身，其他都是模糊的，这也是同样的以人为主角，配角们都成了色块与散景。（Canon EOS 450D+EF85mm f/1.8 USM。Av模式，光圈f/2.8，快门1/125秒，ISO 100，+0.3EV，日光白平衡，JPEG）

横幅与竖幅的构图

数码相机所拍得的画面在未经裁切的状况下它是长方形的，于是有了横幅与竖幅画面的选择，这也是最基本的构图。

竖幅的画面适合表现高耸的物体，有雄伟巨大的感觉，常见用于表现山岳、树木或建筑物等，让人容易和“高”产生联想的事物。

而水平的画面容易传达广阔宁静的感觉，常用来表现大地、海洋、农田等大面积的景物，也就是会让人感觉到“宽广”的事物。

建筑物等“高”的景物，常用竖幅的构图来表现，可以营造雄伟巨大的感受。（Nikon D70+Sigma 12~24mm f/4.5~5.6 DG的12mm端。A模式，光圈f/22，快门1/125秒，ISO 200，日光白平衡，JPEG）

大片的平原或安静的水面，大多数的人会习惯用横幅的画面来传达，而横幅的构图也传达一种宁静的感受。（Canon EOS 40D+EF70~200mm f/4 L USM。A模式，光圈f/8，快门1/10秒，ISO 100，-0.3EV，日光白平衡，JPEG）

井字构图

井字构图法，也有人称它为三分法。不论是采用竖幅或横幅的构图，都用得上。为什么称为井字构图或三分法，就是在构图的时候，画面以想象的方式把它水平及垂直区分为三等份，这四条线自然将画面切割成九个区域并有四个交点。

井字构图的的解释是如此，那要如何应用呢？就在拍摄的时候，把取景器框住需要的景物，将画面中的水平或垂直线条靠近这水平或垂直线即可。

这是最容易记忆及运用的构图法，是极为简单，又能让构图水平马上立竿见影的最佳捷径。

井字构图是最基本的构图法，以想象的方式，把画面以垂直及水平线各区分为三等份，拍摄时，将水平或垂直的线条靠近画面即可。（Canon EOS 400D+EF-S 10~22mm f/3.5~4.5 USM的10mm端。Av模式，光圈f/11，快门1/250秒，+0.7EV，ISO 100，日光白平衡，JPEG）

井字构图的发挥

当要拍摄的景物有水平或垂直线条时，要用井字构图法并不难。如果画面中的景物并没有所谓垂直线或水平线的时候，井字构图是否就英雄无用武之地了呢?也不是这样，即使照片中没有垂直或水平线，井字构图仍是可供运用的。别忘了，在四条线交会的地方还有四个焦点，在拍照的时候，可以把要拍摄的主角放在这四个角附近，形成所谓的趣味点。

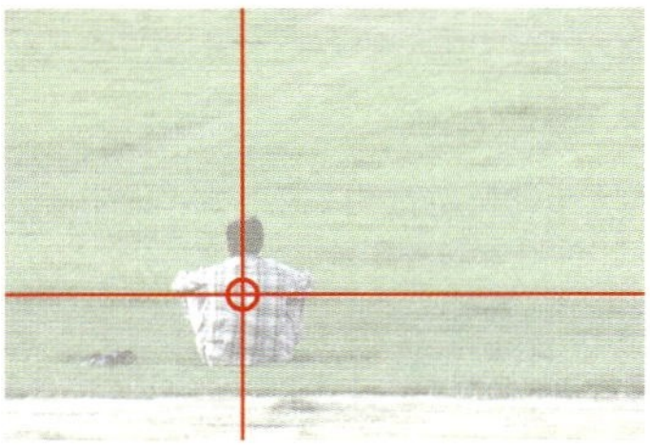

别把井字构图法想得那么狭隘，没有水平或垂直线的时候，请把主角放在这四条线的交点或近接交会点，让它成为趣味点。（Nikon D70+AF 80~200mm f/2.8D的200mm端。P模式，光圈f/5.6，快门1/500秒，ISO 200，日光白平衡，JPEG）

三角构图法

以在画面中形成一个三角形面的三角构图法，是风景摄影中常见的另一种构图法。三角形的景物，并非一定要是个正三角形，只要是底宽而顶窄的景物，自然形成有重心的三角构图。

三角形的构图有各式变化，先以基本的等腰三角形来提供拍摄风景时参考。等腰三角形的构图让画面有稳定的感觉是最主要的特色。

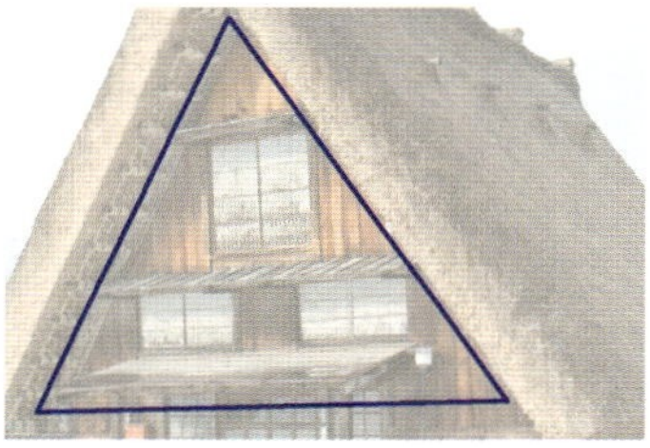

三角构图法主要在于使照片中的景物形成略成等腰三角形的画面，这样的构图让人有稳定的感觉。（Canon EOS 400D+EF-S 17~55mm f/2.8 IS USM USM的55mm端。P模式，光圈f/8，快门1/250秒，+0.3EV，ISO 400，日光白平衡，JPEG）

矩阵构图法

矩阵式的构图法又有人称之为图案式构图。它是一种集合了单调的事物形成美感的构图方式。要创造出矩阵式构图其实很简单，只要找出规则排列的对象并加以框取即可。矩阵式的构图美感来自于整齐而规矩的排列，整齐的分布中，有着单纯的情境。

整齐排列中，创造出矩阵式构图，有着一种简单的美感。（Canon EOS 400D+EF-S 17~55mm f/2.8 IS USM的55mm端。Av模式，光圈f/4，快门1/60秒，ISO 400，日光白平衡，JPEG）

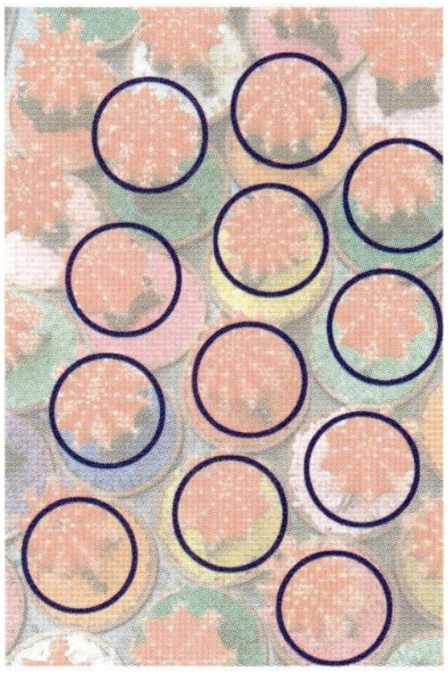

突破式矩阵构图

整齐排列的矩阵构图，固然有一种简单的美感，但若没有加以思考，很容易变成单调或流于形式。要如何做一些改变呢？基本的矩阵构图是由整齐排列的事物所组成，如果能在同中求异或异中求同，就能产生一些趣味来。

在同中求异的矩阵构图，让画面有了一些趣味。图中的红心在一串串的白珠中特别突出。（Canon EOS 5D Mark II+EF 24~70mm f/2.8 L USM的28mm端。P模式，光圈f/5.6，快门1/60秒，ISO 400，日光白平衡，JPEG）

由内闪到外闪，照亮光的质感

一个完整的数码单反相机系统，除了基本的机身及镜头之外，还包含许多的外围设备，尤其是变化多端的闪光灯，能为摄影增添更多的可能性。

闪灯的分类

闪灯系统包主要区分两大类，一是机身内建闪灯，一是外接闪灯。因为讲究机身的强度，所以旗舰级的机型并未附有闪灯。除此之外，各厂的中级以及入门级的数码单眼相机上，均内置了闪灯。

外接闪灯是出力更强，性能更好的闪灯设备，而闪灯的操作不仅复杂，要完整的发挥效能，还得不断累积经验才行。

除了顶级的专业机型之外，所有的DSLR机身都附有一个内置型的闪光灯，虽然出力并不大，但在一般的应用场合也是够用了。

标准型的外接式闪灯，威力强大，可以透过很多配件，产生更多的拍摄效果。

微距专用闪灯的形状特殊，是专用于微距摄影使用的外接闪灯。

内闪用在平常的室内或夜间补补光，是可以满足基本的需求的，如果懂得去控制它，也可以用得很愉快。

（Canon EOS 400D+EF-S 18~55mm f/3.5~4.5 IS USM的55mm端。M模式，光圈f/5.6，快门1/15秒，ISO 400，日光白平衡，JPEG）

外闪的能量及变化性，远远超过内闪。图为在黄昏使用外闪补光的效果。

（Canon EOS 400D+EF-S 17~55mm f/2.8 IS USM的17mm端。Av模式，光圈f/5.6，快门1/2秒，ISO 800，日光白平衡，JPEG）

闪光灯基本知识——闪光灯指数GN

闪光灯的输出强弱用闪光指数来表示，英文是Guide Number，通常用符号“GN”表示。它的数值是闪灯距被摄体的距离与所用光圈值相乘得来的。例如闪灯和被摄体的距离是3米，而镜头的光圈是f/8，那么这个闪灯的GN值就是“24”。

GN值是闪光灯最大输出的一项指标，在实际拍摄时并不需用GN值来计算光圈，一切都交给DSLR即可。不过，GN值虽然不再需要计算，但它仍有一定的价值，那就是让拍摄者知道闪光灯的照射极限有多远。如果以一个GN值为32的闪光灯来说，我们把光圈设在 f/8 ，那么能照射到4米范围的目标；将光圈设在f/4，距离则增为8米，如果超过这个距离，除非是再提高相机的感光度，否则是无法得到适当的照明。

内闪的GN值则为12~14，因机型而不同。

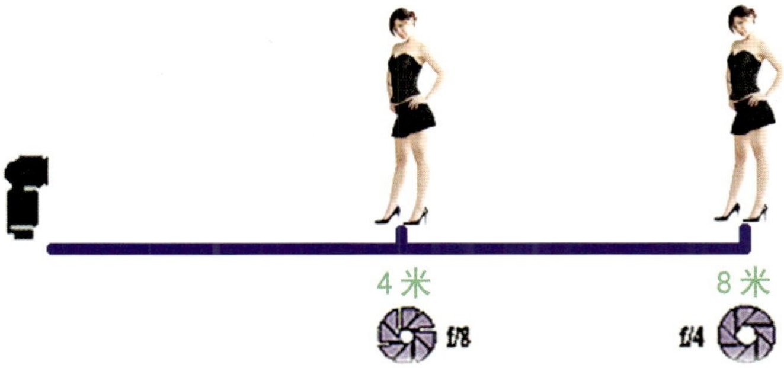

GN的公式就是GN=F(光圈)×M(米)。

使用了非原厂专用的闪灯时（或非相容接点的闪灯），会发生画面有部分接受不到闪光灯照明的情形。

闪光灯同步速度

闪光灯的闪光持续时间为 1/1000~1/50000秒，由于一般数码单反所使用的焦平面快门的特点，所以在使用闪光灯时，快门速度不能过高，否则拍出来的照片就会出现一半正常曝光而另一半曝光不足的现象。而这个最高快门速度限制，就称为闪光灯同步速度。不同等级的数码单反的最高闪光灯同步速度不同，高阶闪光灯同步速度高达1/250秒，入门级的机型则在1/200秒。

为了防止摄影者在拍摄时误将快门速度设定得高于闪光灯同步速度，当使用内闪或原厂的外门时，只要一启动闪光灯，相机会自动将快门速度设置在闪光灯同步速度以内。而闪光灯同步速度也称为X-同步速度。

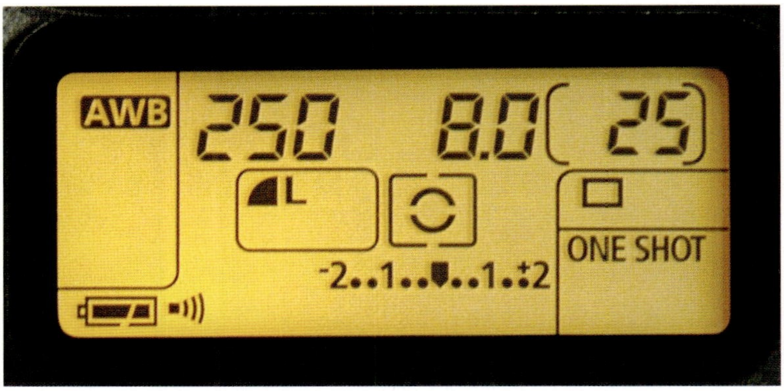

当开启内闪或使用专用的闪光灯时，相机会自动将快门速度设定在X-同步速度或低于闪光灯同步速度。

高速同步

为了突破最高闪光灯同步速度的限制，厂家应用了高速频闪的技术，让外接闪灯在相机于高速快门运作的期间，可以持续闪光。高速同步的速度因机型而异，高档机型最高的快门速度能达到1/8000 秒的惊人高速，特别方便在白天户外以大光圈镜头拍摄像时用来补光。

高速同步补光的效果。

未使用高速同步补光的效果。

内置闪灯使用

数码单反相机的内置闪光灯，其功用是方便摄影者临时拍摄或局部少量的补光，因为内置闪光灯布光能力有限，而且会占用电源，并不适合大量拍摄时使用，如果要在室内大量拍摄照片，还是以外接闪光灯为佳。

当使用情境模式时，在低光照和逆光条件下，内置闪光灯会自动弹起。而在高级拍摄模式时，不管光线亮度如何，内置闪光灯都可以根据使用的需要弹起并进行补光。

使用情境模式时，除了少数几个特殊的模式之外，只要光线不足，内置闪光灯会在必要的时候自动弹起。

高级模式下，要以手动的方式开启，按下内闪旁的闪灯开启钮，即可将闪灯弹起。

内置闪光灯使用的注意事项

●使用内置闪光灯时，距离被摄体应至少1米。过近的距离将导致镜头部分遮挡闪光。

●使用内置闪光灯时，将镜头上的遮光罩卸下。镜头遮光罩会部分遮住闪光。

●如果安装了超远摄镜头或大光圈镜头时，可能会遮内置闪光灯的闪光覆盖范围，请使用外接闪光灯。

●镜头焦距不能小于17mm。如果镜头焦距小于17mm，闪光将无法照射到画面的四周。

●在M及S模式中，即使已将快门速度设为快于1/250秒（或1/200秒），在闪光灯开启后，快门速度将被自动设为1/250秒（或1/200秒）。

模式	快门速度	镜头光圈
P	在1/60秒至相机的最高X-同步速度之间自动设定	根据相机内部程序自动设定
S（Tv）	使用者可以在30秒至最高X-同步速度之间的任意设定	根据使用设定的快门速度自动设定
A（Av）	根据使用者设定的镜头光圈设定在30秒至最高X-同步速度之间自动设定	使用者可以设定任意一挡光圈
M	使用者可以在30秒至最高X-同步速度之间的任意设定	使用者可以设定任意一挡光圈

闪光灯曝光补偿

大多数人会觉得开闪光灯补光的光线很死板，又不知道怎么控制闪光灯光线的强弱。其实闪光灯光线的强弱可以透过闪光曝光补偿的功能来调整。

闪光灯曝光补偿的按钮因不同机型而异，大多数的机型都可以调整内闪的输出在±2EV之间，以1/3EV为单位进行调整。

闪光灯未补偿。

闪光灯－1EV曝光补偿。

闪光灯－2EV曝光补偿。

闪光灯曝光补偿攻略要点

当被摄体位于白色背景时，记得调整闪光曝光补偿为 +0.7～+1.3EV，以获得正确曝光。

当被摄体位于深色背景时，请将闪光曝光补偿调整为－0.7～－1.3EV，以获得正确曝光。

特别补充——夜景人像情境模式

最简单的灯光夜景人像拍摄手法，是运用相机内置闪光灯及情境模式来拍摄。使用时，仅须将相机的拍摄模式设定在“夜景人像”，把相机架设于三脚架上即可，此时相机会自动调整合适的光圈快门组合，并调节闪光灯的输出，即使是新手，也可以拍出不错的灯光夜景人像。

即使是这么简单的手法，还是有不少人会失败，主要的原因是没使用三脚架来稳定相机，由于在夜景人像模式下，快门速度会降低，以便吸收足够的现场光，如果没有使用三脚架来拍稳定相机，即使是启动防手振的功能，还是不容易对抗低速快门带来的震动问题，还是用三脚架来协助比较好。

使用夜景人像模式的拍摄效果。由于在夜景人像模式之下，快门速度会降低以便吸纳更多的现场光，容易造成震动，记得使用三脚架或现场的环境设施来协助稳定。
（Canon EOS 450D+EF-S 18~55mm f/3.5-5.6 IS USM的55mm端。夜景人像模式，光圈f/5.6，快门1/8秒，ISO 400，日光白平衡，JPEG）

夜景人像的最佳拍摄时间点

使用夜景人像模式是最简单的闪光灯运用模式，如果再懂得选择时间的话，那就非常完美了。最佳的拍摄时间点是太阳下山后的约20分钟内，千万不要错过。

深入认识镜头，了解DSLR的优势

很多购买DSLR的摄影者都会先搭配一支所谓的Kit镜一起购买，可是，也有些人把这样的组合，当作是一套变大的消费机型在使用，忘记了数码单反区别于消费机型的优势，就是可选购各种不同镜头，因此认识交换镜头，从标准焦距熟悉起，便可熟能生巧，发挥手上DSLR的强大威力。

对于刚选购DSLR的新手来说，选购镜头是一个新鲜、有趣并且充满好奇的课题，最常被摄影新手们询问到的问题便是：已经买了某某相机，镜头该如何选择呢？要拍人像、昆虫、还有小宝宝……该选购哪些焦距才够用呢？

这问题可区分两个部分来看，一就是在自己完全不知道喜好拍摄主题时的选购技巧；另一部分则是你已经清楚自己买什么相机，想要拍摄的作品类别是什么。

这些答案，直接影响了所做的决定。一般来说，要从这么多镜头中挑选第一支镜头，除非已经是摄影高手，通常摄影新手得到的建议，都是从套机的标准变焦镜头（又称Kit镜）开始使用。

这类Kit镜的焦段规格通常介于18~70mm（换算35mm为27~105mm）；光圈在f/3.5-5.6，从规格看来，虽然光圈不够大是其缺点，不过便宜的价格却大幅度降低喜爱摄影人的入门门坎，这类镜头在光学与镜组、质量上无法与恒定大光圈的镜头去比较，但对初学者正在摸索DSLR特性，及找寻摄影乐趣和拍摄主题时，已算得上是足够应付80%以上的快门时机。

虽说可应付多数拍摄状况，不过老是利用一机一镜，便会浪费了数码单反相机可交换镜头的优势，因此认识镜头与选购，成了随心所欲使用与变换焦段创作影像的第一课。

对于进阶的摄影爱好者来说，会建议先了解镜头特性，再根据拍摄主题选购，例如喜欢拍摄小孩主题创作者，50mm f/1.4便是最佳利器，假若以微距创作者来说，100mm Marco镜头也成了必备工具之一，相对的也就不需要花大钱买下拍摄鸟类生态的500mm或600mm，而导致昂贵镜头无用武之地。因此，买镜头前最好先做功课或请教一些摄影老前辈，免得又再走一次金钱浪费之路，花钱之前，停、看、听，是很重要的。

认识交换镜头

交换镜头有鱼眼、广角、标准、望远、微距、移轴……每一种的光学设计与功用皆不同，对于想学好摄影的朋友来说，也不是一口气就将所有镜头买齐了才行，还是得视需求与预算选用适合的镜头，因此认识各焦段镜头特性，便是选购镜头前相当重要的课题。

鱼眼镜头具备可爱、夸张的变形效果；广角镜头具备其他变焦头无法达成的壮阔视觉震撼透视感；标准变焦镜头可说是涵盖了最常用的焦距，是初学者还不知道自己喜欢拍摄主题时的最佳入门伙伴，而其中的50mm大光圈定焦镜头，由于制造技术较简单、镜片数目少、成本低、抑制变形和色散效果最佳，也最接近人类视角，所以成了摄影爱好者练习基本功最重要的工具之一。除了影像表现精彩之外，也是性价比最高的定焦镜，用于拍摄人像、室内拍摄小孩等都非常实用；望远镜头的压缩感可将影像中的前、中、后镜压缩，也是拍摄远距离景物必备的工具；微距镜的特性就是可近距离拍摄主体，例如花蕊的特写，这些都不是使用简单的普通机型或只打算“一机一镜用到底”的数码单反相机使用者，可体会到影像的创作魅力，因此建议摄影爱好者必须花时间去了解各焦距镜头的特性，并按拍摄的题材以及想要表现的视觉效果，去选购不同类型的镜头。

其余如85mm f/1.4或135mm f/2这类大光圈定焦镜头，可在微光环境下，不需调高ISO值，即可争取更快的快门速度，减少影像晃动的机会；另外，这些焦段的“大光圈”魅力绝对是无法抗拒的诱惑，影像所呈现浅景深与迷人的散景，更是写真人像兵器谱首选。

鱼眼镜头

广角镜头

标准镜头

望远镜头

各种焦距具备不同的特性与视角，想要创作出不同的视觉震撼效果，摄影者一定得靠各种不同焦距的镜头来辅助。

不同焦距镜头拍摄所呈现的视野

站在与建筑物固定的距离，拍摄屋顶雕饰，在两者位置不变的状况下，更换不同焦距的镜头，而拍出不同涵盖角的影像。（图为Canon EOS 5D MarkⅡ拍摄）

不同焦距镜头所呈现的透视感

保持雕塑主体在画面上大小相同，改变镜头焦距和拍摄位置，拍出不同透视感的画面，注意雕塑人物跟后面景物的距离关系。（偏广角端会变形，望远镜头则压缩了空间。）

定焦镜与变焦镜头的认识与选择

选购定焦镜头或变焦镜头也是一门重要功课，定焦镜可获得较优异画质的影像、具备较大的光圈；变焦镜头则拥有快速变换取景范围、减少镜头携带支数、也可降低机身接环与镜头的磨损。

定焦镜头的结构相对简单，所以容易设计出像差校正理想的镜头，画质也优于大部分变焦镜头。变焦镜头由于制造成本与体积的原因，所以很少有超过f/2.8光圈的，但定焦镜却可以很轻松地满足体积小、光圈大的条件，即可以在光线较昏暗的环境下争取理想的快门速度，也能轻松拍出浅景深的写真照片。

利用定焦大光圈镜头，可适时开大光圈，除了争取较快速的快门速度，也能轻易拍出浅景深、背景迷人的人像作品。（Nikon D90+50mm f/1.4。光圈优先f/2，快门1/2000秒，ISO 200，日光白平衡，JPEG）

变焦镜头的优势是可让拍摄者在不移动的距离下，精准构图取景，把握更多的快门时机。假设摄影人偷懒，也能不多带变焦范围内的定焦镜头，而一镜抵多镜，例如今天带了24~70mm镜头，涵盖了24mm、35mm、50mm、70mm这几个常用的焦距，如此一来可减少换镜头时所产生接环与电子接点的磨损，当然也就降低了换镜头所产生失误或影像传感器进尘的机会。

变焦镜头还有恒定光圈及非恒定的差异，关于这部分将于后面说明。

Sony α 900+70~200 mm f/2.8 G的70mm端。光圈f/2.8，快门1/250秒，ISO 100，日光白平衡

Sony α 900+70~200 mm f/2.8 G的200mm端。光圈f/2.8，快门1/250秒，ISO 100，日光白平衡

变焦镜头在取景构图上会较方便，可让摄影师于主体在同一个距离下，可变化各种不同构图及取景范围。

标准镜头及标准变焦镜头

首先我们就来认识何谓标准镜头及标准变焦镜头。

标准变焦镜头，涵盖了50mm范围，从小广角到小望远，拍摄的范围跟视觉效果，较为中规中矩，想制造影像震撼或变化，比较不容易。

笔者最常用的就是标准变焦镜头，初学者尚未确定喜欢的拍摄主题前，这类焦距用途广泛且实用，可协助你快速上手。至于要选择恒定光圈或非恒定光圈呢？就得看需求及预算了，恒定光圈价格高、影像画质佳；非恒定则价格便宜、轻巧，比较适合初学者入门学习之用。另外变焦镜头也可以帮助摄影师在有限的距离内，较易捕捉想要的画面，例如笔者在池塘中央拍摄人像作品，假设今天使用一支定焦镜头，在拍摄全身或转换半身或特写时，笔者必须频频换镜头或要移动自己的位置，稍微不慎就会踩到水里去了，此时如有一支24~70mm f/2.8镜头，即可轻易得到这样的快门机会轻松完成创作。

标准定焦50mm镜头，是大光圈等级中性价比最优异的一款，因此也是笔者拿来练习构图或拍摄小孩的最佳帮手。它不论是在全片幅或APS机身上，都可完整展现其魅力，适合人像作品创作，若能搭配大光圈使用，想营造背景模糊的浅景深，突显主题人物并不是难事。在不能使用闪光灯的昏暗室内，捕捉小孩的瞬间表情及动作，使用标准焦段，除了拍摄距离适中外，采用大光圈争取更快速的快门速度，确保影像可清晰完整地呈现。

在有限的距离中，要捕捉合适的画面，变焦镜头会是较理想的选择。（Sony α 900+ Sony Vario-Sonnar T* 24~70mm f/2.8 ZA的24mm端。光圈f/8，快门1/160秒，ISO 100，手动白平衡，RAW）

▲ 这是站着由上往下拍摄的作品，也是拍摄者跟地面的叶子有限制的距离，因此采用变焦镜头会较理想。（Nikon D2x+ AF Nikkor 24~85mm f/2.8-4D的52mm端。光圈优先f/8，快门1/200秒，ISO 400，自动白平衡，JPEG）

▼ 如果要轻易地拍出浅景深作品，采用定焦50mm f/1.4镜头，就可以轻易达成这个要求。（Sony α 330+ Sony α 50mm f/1.4。光圈f/2，快门1/320秒，ISO 100，手动白平衡，JPEG）

▶ 摄影者跟模特儿之间有着固定的距离，使用变焦镜头会较好取景构图拍摄。（FUJIFILM FinePix S5Pro+ AF Nikkor 24~85mm f/2.8-4D的35mm端。光圈优先f/4.5，快门1/100秒，ISO 200，日光白平衡，JPEG）

▲ 在昏暗的环境下，定焦50mm f/1.4镜头也是最佳工具。（Canon EOS-1Ds Mark III 50mm f/1.4。光圈f/9，快门1/10秒，ISO 100，手动白平衡，JPEG）

可在这两支镜头身上，分别看到几组数字，一支是50mm f/1.4，就是所谓的定焦镜头；另一个为24~105mm f/4，就是指镜头焦距可从24mm变到105mm，在这范围内均可变焦取景，f/4则代表该镜是恒定光圈变焦镜头，不论用哪个焦距都可用最大光圈f/4拍摄，非恒定光圈则会有两个数字分别代表广角端与长焦端的最大光圈。

◀ 标准变焦镜头是记录日常生活的有利工具。（Nikon D700+AF-S 24-70mm f/2.8。光圈f/5.6，快门1/125秒，ISO400，自动白平衡）

变焦镜头的恒定与非恒定光圈

在变焦镜头的规格中，常常会看到例如18~55mm f/3.5~5.6这类的数码标示，这是什么意思呢？这表示该款镜头在18mm广角端的最大光圈为f/3.5，而当变焦到55mm长焦端的时候，最大光圈则变成了f/5.6，镜头在变焦过程中，因为镜筒及镜片组合所产生的变化，带来了光圈的变化，这样的f/3.5~5.6便是非恒定光圈变焦镜头。这类镜头的设计难度较低，售价相对也较便宜，使拍摄者多半在预算不足时，评估性价比后，乐于用较低的费用买到这个性价比较高的镜头。对于定焦镜来说，由于是固定的焦长，因此没有这类数码标示。

在具备较高能力的变焦镜头上，会发现标示的方式不同，看到的是24~70mm f/2.8，少了一个最大光圈的数值，原因是这支高档镜头，在24mm端的时候，可使用最大光圈f/2.8拍摄作品，当转变到70mm长焦端时，依然可用最大光圈f/2.8拍摄，这就是所谓的恒定光圈变焦镜头。高档镜头在变焦设计上，为了达到在短焦跟长焦段保持不变的最大光圈数值，设计及用料亦较为严格，因此成本上本来就高，反应在售价上面也无法便宜，通常各家厂商，会在每个焦段组合中生产一支恒定大光圈的变焦镜头，显示它的技术地位，当然也提供专业人士或高端使用者来购买使用。

变焦镜头的选购

通常变焦比在三倍内，且全程为持恒定光圈（f/2.8或f/4）的镜头，质量都相当不错，但这只是概略的统计，并非绝对的理论，使用过Canon EF 24~105mm f/4L IS USM的摄影者都知道，虽然变焦比大于三倍，但这款镜头表现却非常优异。大部分如Canon EF 24~70mm f/2.8L USM，在三倍以内的变焦比，影像画质的确无可挑剔。因此，选购镜头前，还是建议多加比较，听取大家使用的心得，并且比较各项试用报告为宜。

利用恒定大光圈镜头，在长焦端依然可用f/2.8拍摄，可轻易拍出浅景深、散景迷人的作品，在昏暗光线下，也能轻易地使用较快的快门速度捕捉清晰影像。（Canon EOS 5D+ EF 24~70mm f/2.8 L USM的70mm端，手动模式、光圈f/2.8、快门1/30秒，ISO 800，手动白平衡，RAW）

非恒定光圈变焦镜头，只要缩光圈并且利用闪光灯补光，也能将便宜的镜头极限能力发挥得淋漓尽致。（FUJIFILM S5pro+ Nikkor AF 24-85mm f/2.8-4D 的50mm端，光圈f/14、快门1/125秒，ISO 100，手动白平衡，JPEG）

为捕捉微小的植物特写，可使用标准变焦镜头的长焦端，开启最大光圈f/2.8，如果快门不够快，可调高ISO所得影像，也会比非恒定光圈的长焦端画质佳。（Nikon D3+ Nikkor 24~70 mm f/2.8G ED AF-S的70mm端，光圈f/2.8、快门1/1600秒，ISO 400，手动白平衡，RAW）

恒定与非恒定光圈的最大区别

恒定光圈就是镜头在变焦范围的任一焦距中，最大光圈数值不会因为变焦后而改变，这类镜头设计画质不逊色于定焦镜，惟独价格偏高，对于预算不高，及摄影刚入门者不适合；非恒定光圈则是在变焦范围中，最大光圈数值会因广角转到长焦端而缩小，缺点是长焦端进光量变小，快门速度会变慢而较易产生晃动，而且当开启最大光圈拍摄所得影像画质较不理想，优点就是这类镜头较为便宜、轻巧易携带。

Canon EOS 5D MarkII+SIGMA 24~70mm f/2.8 IF EX DG HSM，手动模式、光圈f/2.8、快门1/180秒，ISO 100，日光白平衡，JPEG/Large

滤镜与遮光罩

保护镜

保护镜顾名思义就是保护镜头的镜片。毕竟一支镜头再怎么小心使用，也难免有意外刮伤、碰撞的机会，除此之外，镜头比较怕的就是入尘，入尘越多影响镜头解像力越差，因此添加保护镜保护镜头的钱不可省。随着摄影愈趋专业，保护镜所被附加的延伸功能也就越多，以前只要求透光率越高越好，而现在除了透光率高之外，还有过滤紫外线(降低影像偏蓝的状况)、防水功能、增加硬度以及多层镀膜(将光反射率减至接近0)。

TIFFEN DIGITAL HT ULTRA CLEAR保护镜是使用钛金属镀膜，除了增加硬度，更能避免指纹和脏污附着。

偏光镜

偏光镜也能消除玻璃面的反射。

截至目前为止偏光镜的效果仍无法在影像处理软件里重制，因为所有光线波长的分布在进入相机前就已决定好了，因此对于风景摄影情有独钟的摄影爱好者们，建议还是购买一片偏光镜，入袋为安才是。

偏光镜的主要功能在于可调整光栅，消除多余偏振光的干扰，让进入镜头的光线方向一致，简而言之它能让蔚蓝的天空更蓝、白云更白、影像更清晰、色彩更饱和之外，也能消除水面、玻璃、潮湿地面的反光。

使用偏光镜，可以清楚地看见天空更加蔚蓝、白云更白，整体饱和度也增加。

使用时，建议先将保护镜拆下，再装上偏光镜，这么做是因为加置的滤镜越多，不仅会造成影像素质降低，也容易因滤镜框厚度增加导致影像周边暗角现象。使用偏光镜时，镜头角度最好和太阳呈90°，才能拍出蔚蓝的天空。操作时仔细观察取景器，并转动偏光镜，直到从取景器看到天空颜色变为最暗或水面反射光完全消失，即是偏光镜的偏光角度。

不过，有两点必须注意的是，因偏光镜会减少入光量，所以会降低约1.5级的曝光量，造成快门时间增加，使用时最好注意快门速度，若快门速度过慢建议使用三脚架；其次是偏光镜只能消除某一方向的波长，因此没法均匀作用整片天空，特别是使用广角镜时，常会拍摄出一边湛蓝一边却又近乎曝光过度的天空，建议爱好者构图时多加注意。

偏光镜因能使色彩饱和度提升，一直是风景摄影爱好者的最爱。Nikon D70+SIGMA 10~20mm f/4-5.6 EX DG HSM。光圈优先，光圈f8、快门1/250秒、日光白平衡、ISO 200、JPEG/f/ine。

使用广角镜头需要注意偏光镜造成的光线不均匀问题，如图中天空中间的光波长因受到偏光镜作用而变得湛蓝，其余部分因光波长方向的不同，而显得较亮。

中灰密度镜

ND是Nature Density的缩写，俗称中灰镜，作用类似于人们所戴的墨镜，主要作用在于减少镜头进光量，进而达到降低快门速度的效果，因此最常常用来拍摄天文摄影、瀑布流水、灯、火车轨道等题材。市面上较常见的中灰密度镜分别有ND2、ND4、ND9以及ND400，序号越大减光效果越好，依序减光1级、2级、3级以及9级，举例来说，本来使用最小光圈和低ISO只能使用1/15秒快门拍摄瀑布水流，这时只要安装ND9便能降低3级快门，使快门速度达到1/2秒；若使用ND400便能以长达30秒的快门速度拍摄。不过一般使用上，以ND9降低3级快门速度最为普便，对于中灰密度镜有兴趣但又不知该如何下手的爱好者，选择ND9会较实用。

未使用中灰密度镜

使用中灰密度镜

中灰渐变镜

中灰渐变镜是一片由深灰转为透明的镜片，外观大多是方形树脂镜片，早期也有以圆形滤镜形式问世，但使用上不如方形中灰渐变镜方便，也就逐渐被方形中灰渐变镜取代。目前较为常见的中灰渐变镜分为Cokin以及Lee两种品牌，前者售价较便宜，最为爱好者所青睐；后者价格虽然较高，但也能提供较高的光学性能，可以减少光线在镜头与中灰渐变镜之间反射造成耀光。

中灰渐变镜的使用，以Cokin P.121为例，从纯黑到透明大约相差3级，使用时需搭配Cokin方形接座及接环，将中灰渐变镜插入接座，再调整需遮盖的范围即可。由于中灰渐变镜使用树脂制成，因此硬度不高，若不使用接座，而徒手使用，很容易因与镜头前端摩擦造成刮痕，影响光学质量。

先将Cokin底座接环旋上镜头。

将方形底作安装上去。

沿着方形底座上的插槽安装Cokin中灰渐变镜，并调整方向。

安装套座方形遮光罩，可以有效降低耀光。

使用中灰渐变镜

未使用中灰渐变镜

滤镜转接环

滤镜转接环一直是个不太受到注意的市场，尤其对于初学者而言，更是不知滤镜转接环为何物？在购买保护镜时，仅需要注意其口径是否与镜头一致即可，但在购买偏光镜或中灰密度镜时，可就不能延续这套逻辑，否则每款镜头的偏光镜、中灰密度镜各买一种口径，光是滤镜费用就得花很多钱，因此滤镜转接环在此就发挥其无比的作用。

如本身的镜头组口径规格共分为72mm、68mm、62mm三种，购买偏光镜或中灰密度镜时不妨买较大一点口径，如72mm。接着再购买68mm转72mm以及62mm转68mm的转接环，如此便能“一镜多用”，能省好多的开销。

遮光罩

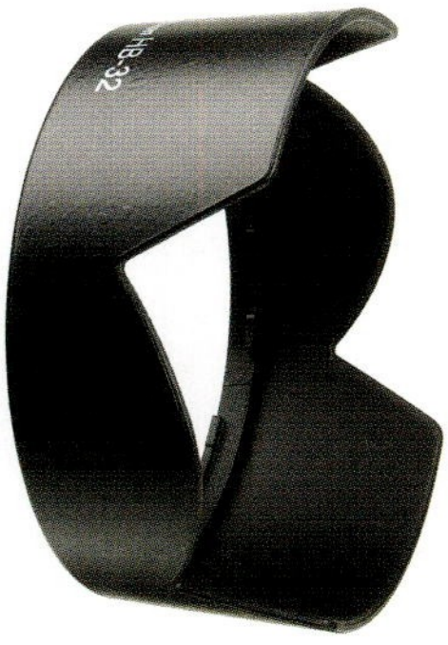

广角镜头用的莲花型遮光罩

遮光罩的妙处多，只是在一般初学者手中，它到像是成了多余的累赘物，常被遗忘在防潮箱中，其实对于较资深的风景摄影爱好者都知道遮光罩的重要性。遮光罩顾名思义能阻挡某些干扰影像质量的光线，尤其拍摄日出、日落等需直视太阳的题材，难免会面临耀光、鬼影等问题，此时添加遮光罩及能有效降低这类困扰。除此之外，减少耀光在镜头内的干扰，还可使影像色彩更饱和、细节更清晰。

另外，遮光罩还有保护功能及防雾功能。安装遮光罩于镜头前端，能保护镜头前端，减少前端镜片的碰撞及刮伤，若再加上保护镜的话，对镜头来说就等于是双重保险；拍摄晨昏夜景常会遇到气温骤升骤降，导致水汽凝结成露珠沾满镜头，安装遮光罩可以有效减少此类现象。

KEYSTON三用遮光罩，可依据镜头焦距不同改变遮光罩长度，适用于28~210mm焦距以上的镜头。

使用遮光罩

未使用遮光罩

26支标准变焦镜头专家评测

系统、热门的标准定焦与变焦镜头的测试报告，收集了包含各品牌Kit镜（也就是搭配机身销售的第一支变焦镜头），总共26支最常使用的镜头，可以通过这些镜头特性及表现，来选择适合的品牌机身。

001

Canon EOS 400D+ EF 50mm f/1.8 II，手动模式、光圈f/11、快门1/200秒，ISO 100，日光白平衡，JPEG

SPEC

镜片结构：5组6片
光圈叶片：5片
最大光圈：f/1.8
最近摄影距离：0.45m
滤镜口径：52mm
尺寸：68.2×41mm
重量：130g

编辑推荐

操作性能：★★★★
影像分辨率：★★★★
变形抑制：★★★☆
性价比：★★★★☆

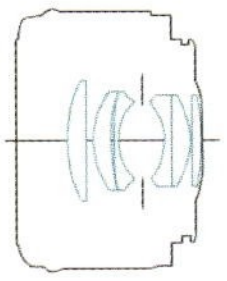

Canon EF 50mm f/1.8 II

在所有的大光圈定焦镜头里，就属Canon EF 50mm f/1.8 II最为便宜。也因此让Canon EF 50mm f/1.8 II长久以来一直都是爱好者关切询问的焦点。

低廉的售价换取的是全塑料的镜身，就连镜头接环部分也不例外，因此Canon EF 50mm f/1.8 II虽然体积比Nikkor AF 50mm f/1.8D大上一点，重量却出乎意料的轻，仅有126g。虽然数码时代，使用手动对焦的情况非常少，但过度简化的对焦环以及省略对焦距离刻度，却让 EF 50mm f/1.8 II于晨昏夜景、昏暗微光场所摄影时，不方便于手动对焦。这样的设计是好或坏，其实很难定论，最后还是得看摄影爱好者的需求。

在实际操作上，因为没有搭配自家招牌USM超声波对焦马达，对焦声音有点明显，但对焦速度及准确性却毫不含糊，即使拍摄追焦摄影也有很高的准确率。在画质表现上Canon EF 50mm f/1.8 II的大光圈确实有助于光线不足的情况下提升快门速度，但在开启最大光圈的情况下，容易产生光斑、周边暗角、周边解像力下降以及容易产生脱焦状况，建议爱好者拍摄时缩1级光圈，不仅较容易获得清晰的影像也不致让影像产生失焦现象。另外，在焦外虚化部分，由于该镜头仅有5片光圈叶片，即使光圈全开焦外虚化也只能呈现五角形的效果，这点倒是让人比较惋惜。值得注意的是在全画幅机身上能看到影像周边有轻微的桶形畸变，在APS-C机身则无此情形。

Canon EOS 5D+ EF 50mm f/1.4 USM，手动模式、光圈f/2、快门1/200秒，ISO 800，日光白平衡，RAW

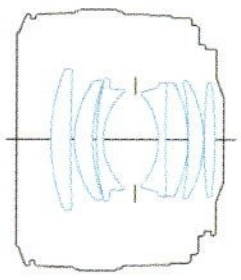

002

Canon EF 50mm f/1.4 USM

Canon EF 50mm f/1.4 USM镜身质感佳，并具备超声波对焦，跟前面所介绍的f/1.8镜头外观及使用手感差异颇大，不过这两支标准定焦镜头却都是Canon迷们必备其一的工具，无论是在早期的银盐胶片机或现在的APS-C还是全幅DSLR上，都有其存在的必要性。

操作上，光圈f/1.4镜头，在光线昏暗环境下，更优于f/1.8的表现，对焦也因超声波马达，而更显得快速、安静，假设接上非全画幅的机身，焦距大约为80mm，绝对是拍摄人像的好帮手，就好比传统85mm人像镜般，可以在容易沟通的距离范围内与模特儿做良好迅速的意见表达，更可以利用f/1.4大光圈来模糊背景，造就浅景深的作品。

使用过f/1.4跟f/1.8这两支镜头你会发现，于影像的表现上其实非常接近，无论颜色表现、解像力以及变形抑制上，都有一定水平的演出，只是f/1.4全开光圈时所得的影像，从中央到边缘的清晰度，还是优于f/1.8全开光圈的表现，另外，f/1.4镜头具备8片光圈叶片，比f/1.8的5片多，所以在焦外虚化部分会更为梦幻。

SPEC

镜片结构：6组7片
光圈叶片：8片
最大光圈：f/1.4
最近摄影距离：0.45m
滤镜口径：58mm
尺寸：73.8×50.5mm
重量：290g

编辑推荐

操作性能：★★★★☆
影像分辨率：★★★★☆
变形抑制：★★★☆
性价比：★★★★☆

003

SPEC

镜片结构：9组11片
光圈叶片：6片圆形光圈
最大光圈：f/3.5
最近摄影距离：0.25m
滤镜口径：58mm
尺寸：68.5×70mm
重量：200g

编辑推荐

操作性能：★★★★
影像分辨率：★★★★
变形抑制：★★★☆
性价比：★★★★☆

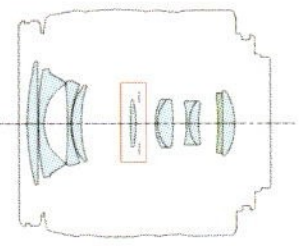

Canon EOS 400D+ EF-S 18~55mm f/3.5-5.6 IS，光圈优先、光圈f/6.3、快门1/320秒，ISO 100，日光白平衡，JPEG/Large

Canon EF-S 18~55mm f/3.5-5.6 IS

价格便宜、重量轻盈、体积小巧、焦段实用，这几乎是大多数爱好者对于EF-S 18~55mm f/3.5-5.6 IS的评价。

体积上比上一代EF-S 18~55mm f/3.5-5.6 II略大一点，重量也增加至200克，但却多了防抖，有助于夜间与室内光线昏暗等环境的拍摄，以成功率来说，在降低2级安全快门速度下，几乎能获得百分之百清晰的画面，不过下降3级安全快门速度后成功率也跟着下降。最近对焦距离也从28cm缩短至25cm，因而能提供更大的放大倍率，有助于微距摄影。EF-S 18-55mm f/3.5-5.6 IS使用了9组11片的结构，其中使用了1片非球面镜片，如此设计不仅能有效减少镜头体积与重量，更有助于提升镜头影像分辨率，使用Canon EOS 450D测试，在18mm广角端光圈全开时，中心画质高达1500 线宽/像高，这数据与50mm f/1.8光圈f/3.5的中心画质相去无几。

比较值得爱好者注意的是，EF-S 18~55mm f/3.5-5.6 IS并非使用内对焦设计，在使用偏光镜时，偏光镜片会随着焦距的变换而转动，因此拍摄时常须在构图结束后再自行调整偏光镜，较为麻烦。另外，由于对焦环设计太过简化，因此已没有对焦距离刻度，在拍摄夜景、微光环境等需要使用手动对焦等题材时，会有些不方便。

Canon EOS 400D+ EF-S 17~55mm f/2.8 IS USM，手动模式、光圈f2.8、快门1/400秒，ISO 100，日光白平衡，JPEG

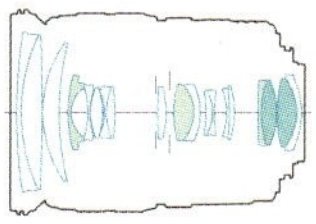

004

Canon EF-S 17~55mm f/2.8 IS USM

万事具备，独缺“L”，大概是所有Canon迷们对EF-S 17~55mm f/2.8 IS USM唯一的惋惜吧！这支仅使用3片非球面镜片、2片UD镜片即能达到L镜解像力的水平。

拿在手上可以感觉到EF-S 17~55mm f/2.8 IS USM采用全金属制作那种沉甸甸的重量，不仅质感佳、不易有掉漆问题、组装也更扎实，因此无论在体积还是重量上都比所有副厂同等级镜头大上许多。变焦及对焦环转动时的手感也非常滑畅平顺，完全不会有停滞难行的感觉。

镜头解像力的测试上，都有非常好的表现，特别是将光圈缩至f/5.6时，其清晰度更不在任何一支L神镜之下。变形抑制方面，不论广角端还是长焦端其变形范围都非常轻微周边失光现象，在17mm只要缩光圈至f/5.6；55mm缩光圈至f/4即能消除周边失光现象。IS测试部分，在55mm端，降低一到三级快门，以手持拍摄都没问题，而针对手持不稳的爱好者，建议拍摄时最好能够倚靠墙角、石柱等稳固物体拍摄，增加手持稳定性，更能提高IS防抖的成功几率。

SPEC

镜片结构：12组19片
光圈叶片：7片圆形光圈
最大光圈：f/2.8
最近摄影距离：0.35m
滤镜口径：77mm
尺寸：83.5×110.6mm
重量：645g

编辑推荐

操作性能：★★★★☆
影像分辨率：★★★★☆
变形抑制：★★★★☆
性价比：★★★★

Canon EOS 400D+ EF-S 17~55mm f/2.8 IS USM，手动模式、光圈f/13、快门1/200秒，ISO 100，日光白平衡，JPEG

005

SPEC

镜片结构：13组16片
光圈叶片：9片
最大光圈：f/2.8
最近摄影距离：0.38m
滤镜口径：77mm
尺寸：83.2×123.5mm
重量：950g

编辑推荐

操作性能：★★★★★
影像分辨率：★★★★☆
变形抑制：★★★★☆
性价比：★★★

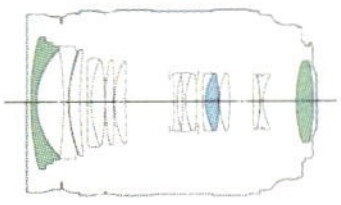

Canon EOS 5D+ EF 24~70mm f/2.8 L USM的31mm端，手动模式、光圈f/22、快门1/125秒，ISO 400，手动白平衡，RAW

Canon EF 24~70mm f/2.8 L USM

2004年，随着全画幅EOS 1Ds的上市，随后推出Canon EF 24~70mm f/2.8 L USM。无论接上SLR或全幅DSLR，都是一般摄影者最常用的焦距，但搭载于非全幅机身，视角都会乘上1.6或1.3倍，在广角端会变成38mm或31mm。以外观质感来说，镜身与重量还有附属的超大莲花形遮光罩，更显得它的不凡身价，比起前身EF 28~70mm f/2.8L镜长6mm，但重量由880克增加为950克，镜筒质感改为雾面涂装，握感提升不少，很可惜不是固定镜长。不过最近对焦距离的改进是这款镜头最大优势，从之前的50厘米缩短到38厘米，在近拍使用上增添不少便利性。

操作方面，搭配在5D这类全幅机身上，可以完整发挥广角24mm端的威力，除此之外，防尘防水滴都改善不少，外观及操作设计可说是无懈可击。

该款镜头在饱和度与色彩、暗部细节的表现上，经仔细检视后，均有优异的展现。至于逆光拍摄，所得结果当然不辱L红圈尊贵身份，于抗耀光、光斑控制上也有不错的影像画面。经过实际测试，24mm端即使全开光圈，也能得到扎实的影像，缩小光圈后更棒，50mm焦段全开光圈下的成绩虽好，但离先前想象的趋近完美还有点小小落差，不过70mm长焦端，就算光圈全开还是非常犀利。以整体表现来说，绝对是专业摄影梦寐以求的好镜头。

Canon EOS 5D+ EF 24~70mm f/2.8 L USM的70mm端，手动模式、光圈f/2.8、快门1/15秒，ISO 400，手动白平衡，RAW

Canon EOS 5D+ EF 24~70mm f/2.8 L USM的24mm端，手动模式、光圈f/8、快门5秒，ISO 400，手动白平衡，RAW

Canon EOS 5D Mark Ⅱ + EF 24~105 mm f/4L USM。光圈f/9、快门1/125秒，ISO 100，白平衡5200K，RAW、Comet TWINKLE 04FⅡ ×3

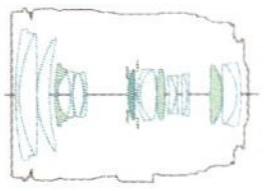

006

Canon EF 24~105mm f/4L IS USM

EF 24~105mm f/4L IS USM拿起来一点都不像是只有f/4的重量，反倒像f/2.8的恒定光圈。金属镜身设计也让人感到结构扎实、坚固。EF 24~105mm f/4L IS USM当然也有全时手动对焦以及内对焦设计，而在对焦环以及变焦环的操作，不仅非常的顺手流畅也不会松弛滑动。解像力方面，EF 24~105mm f/4L IS USM在各变焦头的表现都非常清晰，特别是在50mm以及70mm这两焦距的解像力，最佳工作光圈在f/5.6-8。变形抑制方面，24mm端有明显的桶形畸变；105mm则可看出枕形畸变，这些缺点虽在APS画幅都不明显，但在全画幅机身上却暴露无疑。

EF 24~105mm f/4L IS USM的焦距、画质表现、光圈大小、防抖功能来说各项都符合玩家们大部分的需求。若觉得f/4光圈在弱光环境下显得太小，建议爱好者提高ISO值。另外，EF 24~105mm f/4L IS USM也是Canon所有镜头里，拥有最广角视野的IS防抖变焦镜头，如果对于大广角与防抖功能的魅力毫无招架功能的话，那么EF 24~105mm f/4L IS USM绝对是爱好者的首选。

SPEC

镜片结构：13组18片
光圈叶片：8片圆形光圈
最大光圈：f/4
最近摄影距离：0.45m
滤镜口径：77mm
尺寸：83 × 107mm
重量：670g

编辑推荐

操作性能：★★★★
影像分辨率：★★★★
变形抑制：★★★☆
性价比：★★★★

Nikon D70+ Nikkor AF 50mm f/1.8D，光圈优先、光圈f/2.2、快门1/250秒，ISO 200，日光白平衡，JPEG/Fine

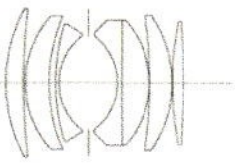

007

Nikkor AF 50mm f/1.8D

一般说来，各品牌50mm f/1.8的镜头，在各个方面都有不错的表现，其中又以Nikkor AF 50mm f/1.8D各项表现最令人赞赏。比较Nikkor AF 50mm f/1.4D来说，不仅价格便宜1/3，连画质也不分轩轾。Nikon在这款镜头上坚持保留传统的设计，如此除了方便手动对焦外，更能兼容传统手动机身，让使用传统手动机身的玩家也能感受新镜头的魅力，这也是为什么Nikon一直有许多忠实使用者的原因。

分辨率方面，经过测试，出人意料的发现在使用f/1.8光圈全开的情况下，所表现出来的分辨率仍比Nikkor AF 50mm f/1.4D使用f/1.8还要精细，这一点倒是打破以往f/1.4镜头分辨率优于f/1.8镜头的情况。实际拍摄上可以看出这支镜头抗耀光的高性能，但在光圈全开以及使用全画幅机身的表现下可轻易的看出，画面周围失光、影像模糊的现象，不过缩小光圈即能改善。至于在镜身的质感上虽有浓厚的塑料感，但换个实用的角度来看，至少在携带上仅有156g的镜重，很容易就让人忽略它的存在。

SPEC

镜片结构：5组6片
光圈叶片：7片
最大光圈：f/1.8
最近摄影距离：0.45m
滤镜口径：52mm
尺寸：63.5×39mm
重量：155g

编辑推荐

操作性能：★★★★★
影像分辨率：★★★★☆
变形抑制：★★★★
性价比：★★★★☆

Nikon D3+ Nikkor AF-S 50mm f/1.4G，光圈优先、光圈f/13、快门0.6秒，ISO 100，日光白平衡，JPEG/Fine

008

Nikkor AF-S 50mm f/1.4G

2008年8月Nikon发布了Nikkor AF-S 50mm f/1.4G，这是第一支G化的标准镜头。相较于上一代有彻头彻尾的改头换面，不只是光学结构从原有的4组7片增加至7组8片、光圈叶片从7片增加至的9片圆形光圈；外观上，滤镜口径从原有的52mm增加至58mm、体积扩大44.8%、重量增加21.7%。

操作时可以感受到Nikon做工扎实的一贯作风，提供全时手动对焦功能。SWM对焦马达在对焦过程几乎完全听不到声音。

解像力方面，经过测试发现这真是一支具有高度解像力以及色彩饱和度的镜头，尤其缩光圈后画质更是锐不可挡，不愧是专为数码相机设计的新镜头。变形抑制方面，需得将影像反复、细心检测好几次，才能发觉它仅有些轻微的桶形畸变，实在值得令人赞赏。圆形光圈当然也是它的卖点之一。另外，抗耀光设计也是这支镜头的卖点之一，实际测试上，在面对舞台灯光直接拍摄后，放大检视画面，真是看不出任何耀光和幻影。

SPEC

镜片结构：7组8片
光圈叶片：9片圆形光圈
最大光圈：f/1.4
最近摄影距离：0.45m
滤镜口径：58mm
尺寸：73.5×54mm
重量：280g

编辑推荐

操作性能：★★★★☆
影像分辨率：★★★★☆
变形抑制：★★★★☆
性价比：★★★☆

009

SPEC

镜片结构：8组11片
光圈叶片：7片
最大光圈：f/3.5
最近摄影距离：0.28 m
滤镜口径：52mm
尺寸：73×79.5mm
重量：265g

编辑推荐

操作性能：★★★★
影像分辨率：★★★☆
变形抑制：★★★☆
性价比：★★★★☆

Nikon D5000+ Nikkor AF-S DX 18~55mm f/3.5-5.6G VR，光圈优先、光圈f/8、快门1/200秒，ISO 200，日光白平衡，JPEG/Fine

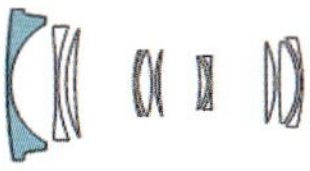

Nikkor AF-S DX 18~55mm f/3.5-5.6G VR

Nikkor AF-S DX 18~55mm f/3.5-5.6G VR体积小巧、重量轻盈、焦距实用、价格低廉。除了延续超声波对焦马达的设计之外，更添加VR防抖技术，有效降低3级安全快门。在55mm(安全快门速度约1/80秒)开启VR防抖功能，并分别于1/80秒、1/40秒(降低一级)、1/20秒(降低2级)、1/10秒(降低3级)速度设定下大量拍摄，回放后发现即使在1/20秒以上的快门速度至少都有50%以上的照片清晰，而1/10秒大约仅有20%的成功率。在影像分辨率方面，所得到的数据显示在所有焦距内，35mm的影像分辨率最高，而各焦距再缩一级光圈，即达到最佳工作光圈，如18mm最佳工作光圈为f/5.6；35mm为f/5.6；55mm为f/8，其中35mm搭配f/5.6为该镜头画质最优异的组合，不过值得注意的是，越接近画面边缘，画质越松散，色差也比较明显，因此建议爱好者拍摄时多将主体摆放在画面中央，如此若要裁切也较容易得到高画质影像。在镜身操作上，以往总是强调人性化操作设计的Nikon，也将对焦距离刻度表给取消了，对于喜爱拍摄晨昏夜景的爱好者来说，这可是非常重要的一项功能。另外，非内对焦设计，也因为镜筒会随着变焦而旋转，因而偏光镜的使用也不方便。

010

SPEC

镜片结构：10组14片
光圈叶片：9片
最大光圈：f/2.8
最近摄影距离：0.36 m
滤镜口径：77mm
尺寸：83.5×110.5mm
重量：755g

编辑推荐

操作性能：★★★★
影像分辨率：★★★★
变形抑制：★★★★
性价比：★★★★

Nikon D200+ Nikkor DX 17~55mm f/2.8G IF的50mm端，光圈f/11、快门1/125秒，ISO 100，手动白平衡，JPEG/Fine

Nikkor DX 17~55mm f/2.8G IF

Nikkor DX 17~55mm f/2.8G IF针对Nikon非全画幅数码单反相机设计。光学结构为10组14片，包括3片ED镜片、3片非球面镜片，可大幅减低色散、提高色彩饱和与清晰度。初次拿到手中有种厚重感，它只比传统底片机用的AF-S 17~35mm f/2.8重量多10克，为755克，而镜身前缘的金色线条，更能彰显它不凡的身价。

此镜头依然按照Nikon的设计元素，除了更新一代的超声波对焦能提供快速安静的对焦方式外，镜头本身的变焦方式为内变焦设计，不像一般非内变焦镜头会有镜头伸出的突兀感，在对焦时，前端的滤镜不会转动，方便在使用偏光镜的时候，不需担心滤镜要重新调整。另外该镜为"G"镜光圈接环，因此取消了手动光圈环调整，直接在机身上控制，同时在切换"MF/AF"时，只要用左姆指轻拨就可轻易切换对焦方式。

而镜头本身所附的莲花形遮光罩尺寸较大，罩面延伸长，在光线入射时，可降低光线直射所造成的光斑现象，提高色彩饱和。

Nikon的数码单反相机本身影像特性是反差大、高饱和、调性偏软，解像力表现也能符合需求，对于风景摄影来说，广角端所呈现的壮阔气势，加上恒定大光圈的特性，此镜表现真的可圈可点。

经过实战测试，Nikkor DX 17~55mm f/2.8G IF真的是一支不可多得的镜头，诸多优点值得去一一体会。

Nikon D2x+ Nikkor DX 17~55mm f/2.8G IF的17mm端，光圈f/22、快门9秒，ISO 100，手动白平衡，JPEG/Fine

Nikon D2x+ Nikkor DX 17~55mm f/2.8G IF的17mm端，光圈f/2.8、快门1/5000秒，ISO 100，手动白平衡，JPEG/Fine

011

SPEC

镜片结构：11组15片
光圈叶片：9片
最大光圈：f/2.8
最近摄影距离：0.38 m
滤镜口径：77mm
尺寸：83×133mm
重量：900g

编辑推荐

操作性能：★★★★☆
影像分辨率：★★★★☆
变形抑制：★★★★☆
性价比：★★★★

Nikon D3+ Nikkor AF-S 24~70mm f/2.8G ED的56mm端，光圈f/3.2、快门1/160秒，ISO 400，手动白平衡，JPEG/Fine

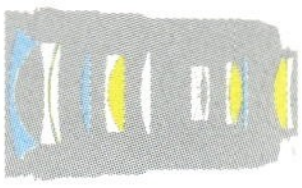

Nikkor AF-S 24~70mm f/2.8G ED

Nikkor AF-S 24~70mm f/2.8G ED是Nikon最好的标准变焦镜头，外观采用的是Nikon高档哑黑漆凹凸涂装，触感及质感都堪称一流，随镜附赠的莲花形遮光罩，装上后不仅显现出专业模样，也有效阻隔了杂光进入镜头。镜头采用内对焦设计，变焦时镜头会伸出镜筒。镜头本身重约900克，拿在手上相当的有分量，装上专业机身后感觉很平衡，对焦方式分为手动对焦及全时手动对焦（M、M/A），意即在自动对焦完成后，仍可借由手动对焦环手动对焦以达到最精准的对焦效果。搭配的超声波马达驱动镜头，可在第一时间内安静无声的捕捉到想猎取的影像。

Nikkor AF-S 24~70mm f/2.8G ED的11组15片的镜组中，使用了3片超低色散镜片、3片非球面镜，减少色差、变形控制优异，具备优秀的光学功能。色彩忠实还原，暗部层次细节交代完整，反差不会过大，而是一种平顺圆滑细腻感。24mm端的变形抑制处理得当，70mm长焦端的散景相当漂亮。各焦段在光圈全开时，均有令人激动的成绩，缩小光圈到f/4之后，清晰度马上显现，直逼完美境界。

该款镜头价格不菲，但是身为原厂顶级镜头、完美的层次表现、高质量的涂装质感、扎实的组装质量，如果是追求完美的Nikon用户，那么这款镜头绝对是不悔的选择。

Nikon D3+ Nikkor AF-S 24~70mm f/2.8G ED的55mm端，光圈f/9、快门1/250秒，ISO 200，手动白平衡，JPEG/Fine

OLYMPUS E420+ ZUIKO DIGITAL ED 25mm f/2.8，光圈优先、光圈f/2.8、快门1/3200秒，ISO 100，日光白平衡，JPEG/Large Super Fine

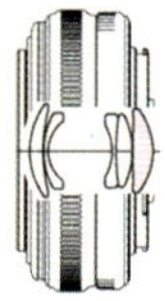

012

OLYMPUS ZUIKO DIGITAL ED 25mm f/2.8

光看外形就足以让人想买下ZUIKO DIGITAL ED 25mm f/2.8，这支使用4组5片不到100g的重量、仅有2.35cm的厚度，只比夹心饼干厚一点而已。有别于大多数镜头，光圈需缩至f/5.6~8才可最佳成像。ZUIKO DIGITAL ED 25mm f/2.8在最大光圈即有优异的画质表现，所谓焦内影像扎实清晰；焦外散景柔和绵密，指的就是这样的境界，因此使用时很容易就将它与LEICA镜头做比较。

对于4/3系统的爱好者来说，这款镜头换算焦距恰好是50mm，但它有光圈不够大。相对于一般标准镜头40~50cm的最近对焦距离，仅有20cm最近对焦距离的ZUIKO DIGITAL ED 25mm f/2.8，在这方面的表现算是相当优异。虽然拥有较近对焦距离的先天优势，能替爱好者们争取构图与视角上更多的优势，但别忘了它在本质上还是一款焦距25mm的"广角镜头"，因此比起真正的50mm标准镜头，ZUIKO DIGITAL ED 25mm f/2.8的桶形变形还是较为明显。

SPEC

镜片结构：4组5片
光圈叶片：7片
最大光圈：f/2.8
最近摄影距离：0.20m
滤镜口径：43mm
尺寸：64×23.5mm
重量：95g

编辑推荐

操作性能：★★★★
影像分辨率：★★★★☆
变形抑制：★★★
性价比：★★★★

OLYMPUSE-3，14~54mm f/2.8-3.5 II，光圈优先f/8，快门1/250秒，ISO100，AWB，JPEG

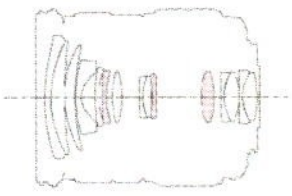

013

OLYMPUS ZUIKO DIGITAL ED 14~54mm f/2.8~3.5 II

OLYMPUS ZUIKO DIGITAL 14~54mm f/2.8~3.5为E-1套装镜头，自2005年10月推出以来颇受好评；第二代14~54mm f/2.8~3.5则在2008年底推出，它配备了圆形光圈，使用大光圈拍照，可呈现圆形的光点，增添画面的可看性。

OLYMPUS ZUIKO DIGITAL ED 14~54mm f/2.8~3.5 II(以下称14~54mm f/2.8~3.5 II)跟前一代一样，配备了三片非球面镜，能有效抑制广角端变形；并且提升抗耀光能力，即使面对太阳拍照，也能有效抑制光斑。另外，它还搭载高速影像自动对焦功能。

14~54mm f/2.8~3.5 II采用内对焦设计，镜头最近对焦距离只有22cm。另外，跟上一代一样，具有防尘防水滴功能，即使下着毛毛雨也能完成拍照。

它相当于35mm相机28~108mm的焦距范围，虽非恒定大光圈镜头，但在长焦端仍拥有f/3.5光圈，可将背景柔化得很漂亮。该款经过优化后，不论在画质和操控上已更上一层楼，成为OLYMPUS中高档相机最佳的标准变焦镜头。

SPEC

镜片结构：11组15片
光圈叶片：7片
最大光圈：f/2.8~3.5
最近摄影距离：0.22m
滤镜口径：67mm
尺寸：74.5x88.5mm
重量：440g

编辑推荐

操作性能：★★★★☆
影像分辨率：★★★★☆
变形抑制：★★★★☆
性价比：★★★★

OLYMPUSE-3，ED 14~35mm f/2.0 SWD光圈优先f/9，快门1/160秒，+0.3EV，ISO100，JPEG，AWB

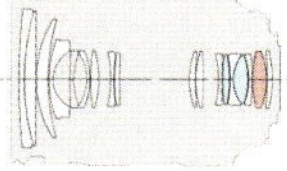

014

OLYMPUS ZUIKO DIGITAL ED 14~35mm f/2.0 SWD

OLYMPUS ZUIKO DIGITAL ED 14~35mm f/2.0 SWD来头不小，不仅是世界上光圈最大的恒定光圈标准变焦镜头，更搭载超声波对焦马达、2片ED和非球面镜，并且采用全时手动对焦设计，与ED 7~14mm f/4.0、ED 35~100mm f/2.0组成阵容坚强的OLYMPUS“三件套”恒定大光圈变焦镜头。OLYMPUS ED 14~35mm f/2.0 SWD焦距范围相当于35mm规格相机28~70mm；因拥有恒定f/2.0光圈，以及为了装下二支超声波对焦马达，它的体积和重量相对庞大；在操控方面，14~35mm f/2.0 SWD配备超声波对焦马达，对焦既快速又安静，它还具有全时手动功能，随时都可转动对焦环，进行手动对焦。14~35mm f/2.0 SWD广角端由28mm起焦，在近距离拍摄建筑较为受限，但却换来f/2.0大光圈，变成拍摄人像的利器，再搭配35cm最近对焦距离，可以在近距离拍摄超浅景深的人像。焦外表现也超优，其他皆变成柔和的虚化效果。使用14~35mm f/2.0 SWD拍摄人像的弹性相当大，不论在f/2.0、f/2.8或f/4.5皆可获得优异的画质。

SPEC

镜片结构：7组18片
光圈叶片：9片
最大光圈：f/2.0
最近摄影距离：0.35m
滤镜口径：77mm
尺寸：86×123mm
重量：900g

编辑推荐

操作性能：★★★★☆
影像分辨率：★★★★★
变形抑制：★★★★☆
性价比：★★★★

OLYMPUS ED 14~35mm f/2.0 SWD拥有极佳的清晰度和对比度。E-420，手动模式，光圈f/4.5，快门1/160秒，ISO100，JPEG，AWB

015

SPEC

镜片结构：5组6片
光圈叶片：7片
最大光圈：f/1.8
最近摄影距离：0.34m
滤镜口径：49mm
尺寸：45×70mm
重量：170g

编辑推荐

操作性能：★★★☆
影像分辨率：★★★☆
变形抑制：★★★★
性价比：★★★☆

Sony α330+ DT 50mm f/1.8 SAM。光圈优先、光圈f/2.8、快门1/30秒，ISO 400，JPEG/Large /fine

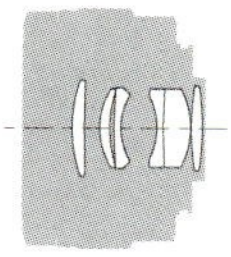

Sony a DT 50mm f/1.8 SAM

2009年5月，Sony发布了α DT 50mm f/1.8 SAM，这支镜头跟以往α系统的50mm f/1.8不同，是第一支专门为了数码单反相机设计的，具有符合APS-C尺寸的专业设计，视角以35mm规格换算相当于75mm，并搭载AF驱动专用的DC马达“SAM”（Smooth Auto-focus Motor，SAM），搭载在非全画幅机身上，是一个较为便宜、轻巧、便利的人像镜。

Sony α本身已经有一支35mm规格的50mm的定焦镜头，最大光圈为f/1.4，将在这篇镜头测试后有完整介绍。

该款新镜头属于DT版本，最大摄影倍率方面有更好的表现，以往50mm f/1.4的最近对焦距离为0.45m，最大摄影倍率0.15倍，且具备0.34m更短的最近对焦距离，最大摄影倍率也变成0.2倍。f/1.8光圈所营造的浅景深毫不逊色于f/1.4镜头。

这支镜头质感不像其他品牌的f/1.8镜头般塑料感过重，相比之下感觉镜身设计还不错，重量为170g，使用起来都很方便，只不过光圈全开时，影像解像表现都算普通。测试到f/2.8之后才有较好的清晰度，这是在使用时要注意的，对于常用标准定焦镜拍摄人像或室内拍摄小孩的爱好者，如果还没有购买f/1.4镜头，这款新上市的f/1.8也是个不错的选择。

016

SPEC

镜片结构：6 组 7 片
光圈叶片：7片
最大光圈：f/1.4
最近摄影距离：0.45m
滤镜口径：55mm
尺寸：65.5×43mm
重量：220g

编辑推荐

操作性能：★★★★☆
影像分辨率：★★★★☆
变形抑制：★★★★
性价比：★★★★

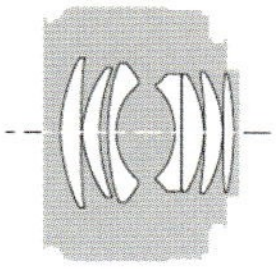

定焦50mm大光圈镜头，是室内拍摄美女的利器。（Sony α 900+ 50mm f/1.4。光圈优先、光圈f/5、快门1/250秒，ISO 100，RAW）

Sony a 50mm f/1.4

自从Sony α推出50mm f/1.8镜头之后，50mm f/1.4就不再是最便宜的定焦大光圈镜头，严格说起来就落在50mm f/1.8身上，不过假若是那种手握f/1.8，还是心想着f/1.4的爱好者，那就看看这支推荐必备的一支犀利武器吧！

50mm的焦段，无论搭载在全画幅或APS机身上，都很有价值。虽然拥有f/1.4大光圈，但是镜头口径却只有55mm，相当小巧，所以携带方便，用途也很广，也是拍摄人像的好帮手，搭载在APS机身上，大约等于75mm f/1.4，跟模特儿拍摄距离适中，最短对焦距离是0.45m，因此不论是拍摄人物特写、半身或全身，都有很好发挥。习惯这支镜头特性之后，会发现该镜成像清晰度高、解像优异等特性，大光圈背景虚化与实用性亦增加了其他的使用几率。

镜组设计6组7片，在变形抑制与像差控制上，都有不错的表现，从中心到边缘影像都算扎实。另外，七片光圈叶片所形成的背景虚化，从光圈全开到f/2.0之间都表现不错，但建议缩一点光圈影像会更完美，拍摄人像效果确实展现出大光圈的魅力。除此之外，其大光圈加上Sony α 系列机身防抖，即使在光线昏暗环境下，手持拍摄也可捕捉清晰画面，享受更多拍摄乐趣。

此镜所得影像颜色饱和度佳、解像力高与细节完整、立体感惊人、对焦迅速、体积重量都轻巧、携带方便，其经典程度及价格皆毋庸置疑！

Sony α 330+ DT 18~55mm f/3.5-5.6 SAM。光圈优先、光圈f/2、快门1/100秒，ISO 100，RAW

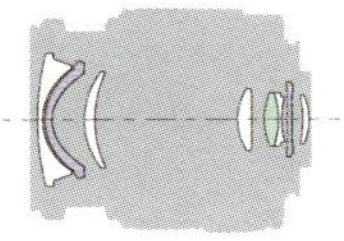

017

Sony a DT 18~55mm f/3.5~5.6 SAM

Sony α于2009年5月发布了DT 18~55mm f/3.5~5.6 SAM，最大的特点就是具备超声波对焦。

DT 18~55mm f/3.5~5.6 SAM搭载在类似Sony α 330非全画幅机身上，拍摄范围约与35mm画幅机身的24~82mm相当，是很实用的焦段。当自己还不清楚将来喜欢拍摄的主题时，在这样的一款Kit镜，一机一镜带领下也能拍摄很多不错的画面。

该镜头在全开光圈的情况下，四周光量不足的现象极为轻微，画面中央质量还算良好，假设把光圈缩到f/8或f/11时，画质就显得非常优异。广角端与长焦端的变形控制表现不错，由于长焦端的最大光圈仅有f/5.6，当用于特写表现浅景深时，仍稍嫌不足，而背景的模糊感还不错，自然柔和，不过若是要拍摄梦幻的浅景深作品，这类镜头还是不适合的，建议采用定焦大光圈标准镜。

使用上还是要注意不要用最大光圈拍摄，缩到f/8左右，就会发现该款镜头的优异表现，会令人眼睛为之一亮。

SPEC

镜片结构：7组8片
光圈叶片：7片
最大光圈：f/3.5-5.6
最近摄影距离：0.25m
滤镜口径：55mm
尺寸：69.5×69mm
重量：210g

编辑推荐

操作性能：★★★★
影像分辨率：★★★☆
变形抑制：★★★☆
性价比：★★★★

018

SPEC

镜片结构：9组11片
光圈叶片：7片
最大光圈：f/3.5-5.6
最近摄影距离：0.38m
滤镜口径：55mm
尺寸：66×77mm
重量：235g

编辑推荐

操作性能：★★★☆
影像分辨率：★★★☆
变形抑制：★★★☆
性价比：★★★★

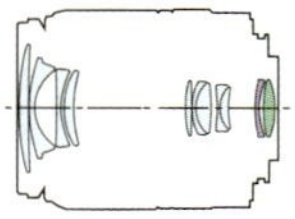

Sony α 350+ Sony α DT 18~70mm f/3.5~5.6的70mm端。光圈优先、光圈f/8、快门1/250秒，ISO 200，RAW

Sony a DT 18~70mm f/3.5~5.6

DT 18~70mm是DT镜头中最轻巧的一款标准变焦镜头。十分轻巧的235克镜身，且没有忽略对画质的要求，采用非球面镜片与ED低色散镜片，以修正广角拍摄常见的像差。无论使用任何焦距拍摄，皆可发挥绝佳的构图及鲜明的描写力。

实际使用时，短对焦行程的设计，让自动对焦的速度不论是搭配Sonyα系列单反的任何一款机身，都可以快速灵活地准确对焦。最近对焦距离为38cm，再搭配0.25倍的近拍放大倍率，对于喜好小静物拍摄的爱好者来说，不必另外换装微距镜头，亦可享受简单的近拍乐趣。

许多摄影爱好者在意的浅景深“焦外效果”，由于DT 18~70mm采用了圆形光圈环的设计，使其焦外有着自然柔美的特性，建议在拍摄时可以利用望远70mm端，靠近主体并远离背景，便能享有漂亮背景虚化，只可惜该款镜头在70mm端最大光圈只有f/5.6，使用上限制较多且效果稍嫌不足，但是以他价格便宜来论其表现，也就无需太多苛责。

另外，多数的爱好者普遍认为随机的kit镜头解像力很一般，其实本镜头的解像力不论是画面中央到四个边角，都有不错的解像力，画质较佳的范围从广角端开始到50mm左右，如果光圈缩至f/8，会发现影像分辨率也有不错的表现。在光线不足的环境下，如想要获得较佳的影像效果，除了善用Sony α机身防抖机制外，闪光灯也是必要的辅助工具。

019

SPEC

镜片结构：10组14片
光圈叶片：7片
最大光圈：f/3.5~4.5
最近摄影距离：0.35m
滤镜口径：62mm
尺寸：72×83mm
重量：445g

编辑推荐

操作性能：★★★★
影像分辨率：★★★★
变形抑制：★★★★
性价比：★★★★

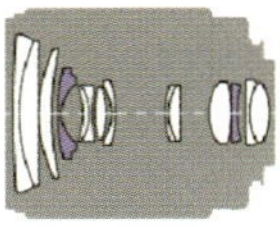

Sony α 700+ Sony α Vario-Sonnar T* DT 16~80mm f/3.5~4.5 ZA的35mm端，光圈f/16、快门1/125秒，ISO 100，RAW

Sony α Vario-Sonnar T* DT 16~80mm f/3.5~4.5 ZA

Sony α的各式镜头组中，DT镜头专供非全画幅的机身使用。以Carl Zeiss之名研发的镜头更是最高光学质量的保证。该镜设计十分扎实，整个镜头重量仅有445克，镜头的滤镜口径为62mm，外观涂装质感好，看起来很类似恒定光圈镜头的设计，尤其是标识上Carl Zeiss的标志，也大大提升了Vario-Sonnar T* DT 16~80mm f/3.5~4.5 ZA的价值。除了在重量上的轻量化之外，在体积方面缩小了不少，和前一支DT 18~70mm相比仅大一点点，可是这支镜头在整体感觉上的确优异不少。

至于画质表现上，果然不枉Carl Zeiss之名，在全开光圈拍摄时，画面中央画质就十分清晰，而画面四周的画质则略微下降，但优于同类型的镜头。全开光圈时会有周边失光现象发生，但是一旦将光圈缩至f/5.6时，中央及四周的分辨率具有不错的水平，而最高的分辨率出现在f/8至f/11左右，对于喜欢风景摄影以及要求高画质的摄影者，建议缩小光圈至f/8或f/11的设定去拍摄作品，可以得到该镜的最高质量。

Sony α Vario-Sonnar T* DT 16~80mm f/3.5~4.5 ZA最近对焦距离为35cm，可以满足基本的微距拍摄需求，再加上它扎实而小巧的体积，以及445克的重量，让它成为一支非常方便，适合外出旅游、随手记录、晨昏风景、街拍摄影以及人像创作的全能型镜头，也是Sony α 非全画幅机种必备的一支标准变焦镜头。

Sony α 350+ Sony α Vario-Sonnar T* DT 16~80mm f/3.5~4.5 ZA的16mm端。光圈优先、光圈f/5.6、快门1/80秒，ISO 100，RAW

Sony α 300+ Sony α Vario-Sonnar T* DT 16~80mm f/3.5~4.5 ZA的80mm端。光圈优先、光圈f/18、快门1/160秒，ISO 100，RAW

Sony α 350+ Sony α Vario-Sonnar T* DT 16~80mm f/3.5~4.5 ZA的80mm端。光圈优先、光圈f/8、快门1/125秒，ISO 100，JPEG

020

SPEC

镜片结构：13 组 17 片
光圈叶片：9片
最大光圈：f/2.8
最近摄影距离：0.34m
滤镜口径：77mm
尺寸：83×111mm
重量：955g

编辑推荐

操作性能：★★★★☆
影像分辨率：★★★★☆
变形抑制：★★★★☆
性价比：★★★☆

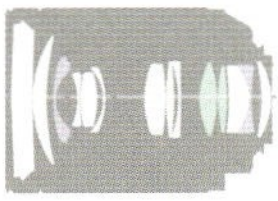

Sony α 900+ Vario-Sonnar T* 24~70mm f/2.8 ZA。光圈f/2.8、快门1/40秒，ISO 400，RAW

Sony a Vario-Sonnar T* 24~70mm f/2.8 ZA

Sony αVario-Sonnar T* 24~70mm f/2.8 ZA是一支握感极佳的镜头，具备超声波对焦系统，因此对焦迅速，最主要的是该镜为恒定大光圈，可在任何一个焦距利用f/2.8拍摄，且全开光圈的影像画质及清晰度也满足了专业摄影师的要求。

Sonnar最大的特点是极小心球面像差，降低失光现象，该镜采用13组17片的光学结构，其中有2片ED镜片和2片非球面镜片，可有效抑制色散，并提高镜头成像素质。内置9片圆形光圈叶片，开启大光圈后所得焦外虚化自然生动。

采用的外变焦设计，从广角端变焦至望远端时，镜头前缘会往前凸出，这跟各家的24-70mm f/2.8几乎都有着相同的问题，所以也无可挑剔，随镜附赠一个花瓣形的遮光罩，有效阻绝杂光射入镜头，避免破坏影像画质。

测试后，发现该镜在24~70mm变焦范围内的焦端，当全开光圈f/2.8时，从画面中央到周围的影像清晰度都有一定的水平，各方面表现均相当不错，无论是色彩还原、清晰度、中央及边缘的成像效果等，都能令人满意。当光圈缩到f/4后，影像更是令人惊艳。广角端的变形抑制也算优秀，搭载全幅的Sony α 900，更能展现该镜的魅力与优点，属于最常使用的变焦镜头，搭载全幅机使用，绝对是一机一镜的最佳组合。

Sony α900+ Vario-Sonnar T* 24~70mm f/2.8 ZA。 光圈先决f/3.2、快门1/400秒，ISO 100，日光白平衡，RAW

Sony α900+ Vario-Sonnar T* 24~70mm f/2.8 ZA。光圈f/2.8、快门1/20秒，ISO 400，RAW

Canon EOS 450D+ SIGMA 30mm f/1.4 EX DC HSM，手动模式、光圈f/4、快门1/80秒，ISO 200，日光白平衡，JPEG/Large

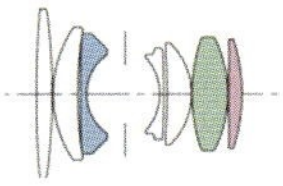

021

SIGMA 30mm f/1.4 EX DC HSM

SIGMA 30mm f/1.4 EX DC HSM是第一支专为APS机身设计的大光圈“标准”定焦镜头。不惜使用ELD特级低色散镜片、一组模铸非球面镜片等珍贵镜片，提升镜头解像力、降低视差以及色散现象。

对于SIGMA 30mm f/1.4 EX DC HSM来说，不论体积或重量都比其他厂家的50mm f/1.4大了点。不过这样沉重的扎实质感，却也受到很多人的喜爱。值得一提的是此镜不仅拥有绝佳的HSM对焦马达，全时手动对焦。

在影像分辨率的表现上，光圈全开画质有点松散，但只要将光圈缩至f/2.8画质明显提升许多，缩至f/4则是全镜的最佳工作光圈。关于周边暗角的现象，只要将光圈缩至f/4即能消除周边暗角现象。变形抑制方面，SIGMA 30mm f/1.4 EX DC HSM这方面出乎我们意料之外，它只有非常轻微的桶形畸变。至于焦外虚化可完全的放心交给SIGMA 30mm f/1.4 EX DC HSM。但使用大光圈拍摄人像时，特别是拍近距离特写时，最好能重复确认焦点或缩小光圈拍摄，否则一不小心就会因景深过浅，造成脱焦。

SPEC

镜片结构：7组7片
光圈叶片：8片
最大光圈：f/1.4
最近摄影距离：0.40m
滤镜口径：62mm
尺寸：76.6×59mm
重量：430g

编辑推荐

操作性能：★★★★☆
影像分辨率：★★★★☆
变形抑制：★★★★
性价比：★★★★☆

Canon EOS 5D Mark II + SIGMA 50mm f/1.4 EX DG HSM，光圈优先、光圈f/4、快门1/80秒，ISO 200，日光白平衡，JPEG/Large

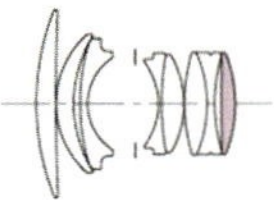

022

SIGMA 50mm f/1.4 EX DG HSM

SIGMA 50mm f/1.4 EX DG HSM的问世，意味着专业镜头厂向原厂镜头更进一步侵略的宣告，这是全世界第一支由专业镜头厂打造出来的大光圈标准镜头。

将SIGMA 50mm f/1.4 EX DG HSM拿在手上，就可感受那超乎一般50mm f/1.4的重量级镜身及镜重，而77mm口径的大眼睛简直可堪称标准镜之最。在操作上，HSM超声波对焦马达非常快速且安静，搭配全时手动对焦，在使用上更是如虎添翼。

镜头解像力部分，在f/1.4画质较松散，也有明显暗角现象，但缩光圈至f/4皆能明显改善。f/4~5.6是该镜头解像力最优异的工作光圈，而中心解像力从f/8之后便开始下降，因此建议爱好者使用时，若未要求大景深的情况下，最好使用f/4~5.6最佳工作光圈。桶形畸变相较于自家SIGMA 30mm f/1.4 EX DC HSM来得明显一点，但变形控制仍属相当优异。另外，在光圈全开的情况下，可以清楚的看见高反差边缘的色散现象，缩光圈后便能消除此现象。焦外部分，光从SIGMA 50mm f/1.4 EX DG HSM它那9片光圈叶片所形成的圆形光圈，就不难想象它的虚化有多迷人。

SPEC

镜片结构：6组8片
光圈叶片：9片圆形光圈
最大光圈：f/1.4
最近摄影距离：0.45m
滤镜口径：77mm
尺寸：84.5×68.2mm
重量：505g

编辑推荐

操作性能：★★★★☆
影像分辨率：★★★★☆
变形抑制：★★★★
性价比：★★★☆

Canon EOS 5D MarkII+ SIGMA 24~70mm f/2.8 IF EX DG HSM，手动模式、光圈f/8、快门1/80秒，ISO 100，日光白平衡，JPEG/Large

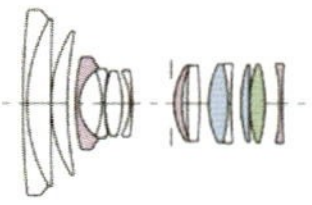

023

SIGMA 24~70mm f/2.8 IF EX DG HSM

相较于上一代，SIGMA 24~70mm f/2.8 IF EX DG HSM不仅多了快速安静的HSM超声波马达，还特别针对影像传感器而改良镜片组，使用一片ELD(特级低色散镜片)及两片SLD(超低色散镜片)抑制色散现象，三片非球面镜片让影像更清晰。

拿在手上，无论其质感、重量以及做工都比前一代镜头好上许多。变焦及对焦环转动起来也非常滑顺，使用HSM超声波对焦马达，对焦不仅快速安静且非常精准。这款镜头无论在解像力、色彩层次或操作功能性上，都更符合摄影爱好者们的需求。

解像力最优异的范围位于50mm及70mm两焦段，无论在清晰度还是色彩饱和度方面都较24mm端优异。另外，从变形抑制方面可以看见SIGMA所花的心血，相较于上一代，新镜头无论在24mm的桶形畸变抑制或50mm及70mm的枕形畸变校正，都比上一代镜头优异许多，尤其是50mm段若不仔细比对，几乎完全察觉不出有枕形畸变，非常适合拿来拍摄空间建筑、商品等。

SPEC

镜片结构：12组14片
光圈叶片：9片圆形光圈
最大光圈：f/2.8
最近摄影距离：0.38m
滤镜口径：82mm
尺寸：88.6×94.7mm
重量：790g

编辑推荐

操作性能：★★★★
影像分辨率：★★★★
变形抑制：★★★★☆
性价比：★★★★

Canon EOS 400D+ SIGMA 18~50mm f/2.8 MACRO HSM，手动模式、光圈f/11、快门/0.8秒，ISO 100，日光白平衡，RAW

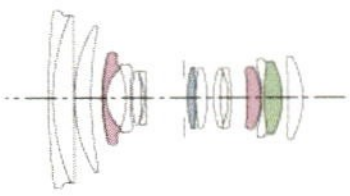

024

SIGMA 18~50mm f/2.8 MACRO HSM

HSM超声波对焦马达系统，让SIGMA 18~50mm f/2.8 MACRO HSM在所有副厂镜头里显得相当受瞩目，在实际拍摄时，除了能感受到它的快速对焦外，几乎听不到对焦行进间的声音，不会因为对焦声音嘈杂而被拍摄对象发现，唯需注意这支镜头并没有全时手动对焦设计。另外在所有APS画幅的f/2.8恒定光圈标准变焦镜头里头，SIGMA 18~50mm f/2.8 MACRO HSM拥有最近的对焦距离20cm，也因如此在型号上冠了MACRO字样。尤其在使用长焦端拍摄微距时，因对焦距离近加上使用f/2.8大光圈，很容易就有浅景深的效果。

影像分辨率表现方面，在f/5.6~8光圈之间影像非常清晰，甚至边缘影像也几乎看不出松散的情况。比较令人意外的是SIGMA 18~50mm f/2.8 MACRO HSM在长焦端几乎察觉不到紫边问题，广角端在缩光圈后，也得将影像放大到200%才看得见影像边缘有些微小紫边现象。

SPEC

镜片结构：13组15片
光圈叶片：7片
最大光圈：f/2.8
最近摄影距离：0.2m
滤镜口径：72mm
尺寸：79×85.8mm
重量：450g

编辑推荐

操作性能：★★★★
影像分辨率：★★★★
变形抑制：★★★★
性价比：★★★★☆

Canon EOS 400D+TAMRON SP AF 17~50mm f/2.8 XR Di II LD Aspherical (IF)，光圈优先、光圈f/11、快门1/200秒，ISO 100，日光白平衡，JPEG/Large

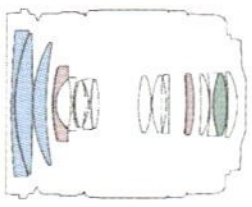

025

TAMRON(A16) SP AF 17~50mm f/2.8 XR Di II LD Aspherical (IF)

如果再寻找一支同时能够提升变形抑制、影像解像力、恒定f/2.8大光圈且比原厂镜头便宜的标准变焦镜头，那么TAMRON(A16) SP AF 17~50mm f/2.8 XR Di II LD Aspherical (IF)很可能就是要寻找的目标。这支恒定f/2.8大光圈的镜头，采用了2片非球面镜片，1片LD低色散镜片以及3片XR超高折射率镜片，如此这般设计除了能够更有效地控制色散、提升影像分辨率，更能将A16缩小到如此体积。

在操作上，可以感受到无论变焦环还是对焦环，其阻力似乎都有点过大，因此转动时须比平时多花点力，也因如此让人不禁怀疑，其设置的变焦锁定键是否有其必要。虽然A16没有超声波对焦马达，但对焦能力也毫不逊色。

无论是17mm、24mm还是50mm，将光圈缩至f/5.6时都具有非常不错的解像表现。在17mm只要将光圈缩小至f/5.6，50mm只要缩光圈至f/4即能完全解决周边失光问题。变形抑制表现上，首先在17mm的桶形畸变非常的轻微，24mm几乎看不出有任何变形；而50mm虽有非常轻微的枕形畸变，但也需要仔细察看才能发觉。

SPEC

镜片结构：13组16片
光圈叶片：7片
最大光圈：f/2.8
最近摄影距离：0.27m
滤镜口径：67mm
尺寸：73.8×83.2mm
重量：430g

编辑推荐

操作性能：★★★★
影像分辨率：★★★★☆
变形抑制：★★★★☆
性价比：★★★★

Nikon FM2+ TAMRON SP AF 28~75mm f/2.8 XR Di LD Aspherical (IF) MACRO，RDPIII，光圈f/11、快门1/125秒，ISO 100，使用偏光镜

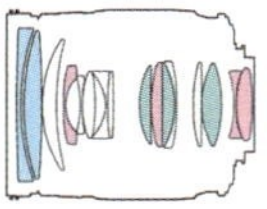

026

TAMRON SP AF 28~75mm f/2.8 XR Di LD Aspherical (IF) MACRO

2008年5月TAMRON发表新版SP AF 28~75mm f/2.8 XR Di LD Aspherical (IF) MACRO(简称A09)，新增内置马达并非改变镜片结构或加强整体性能而改版。无论如何，自A09问世以来，本身的解像力表现早就受到很高的评价，甚至被爱好者们冠上神镜之名。

在操作上，A09使用塑料设计镜身，如此恒定f/2.8大光圈的标准变焦镜头竟只有510克，对于要求影像画质，又讲究轻便装备的摄影爱好者来说，实在是非常贴心的设计。在变焦环旁有个镜头锁定键，只要在28mm(最短镜身)时锁定，镜头长度便会固定在最短镜身，避免携挂时镜头因重力影响而逐渐下滑拉长，导致走动时过长的镜筒因摆动与其他物体碰撞。使用全幅机测试下，在解像力方面，A09在中央部分的画质在光圈全开之下就有非常清晰的表现，f/5.6则是整支镜头表现最佳的光圈。在变形抑制上，广角端可以看出明显的桶形畸变，长焦端则有轻微的枕形畸变。另外，光圈开放时影像外围可以看出有明显的失光现象，画质也随着越接近边缘而逐渐下降，不过以上两点都可以借助缩小光圈来获得改善。

SPEC

镜片结构：14组16片
光圈叶片：7片
最大光圈：f/2.8
最近摄影距离：0.33m
滤镜口径：67mm
尺寸：73×92mm
重量：510g

编辑推荐

操作性能：★★★★
影像分辨率：★★★★
变形抑制：★★★☆
性价比：★★★★☆

拍出望远镜头奶油般的虚化
利用大光圈及中望远特性制造浅景深

▲光圈越大景深越浅，背景也就越模糊。Canon EOS 5D+EF 50mm f/1.4 USM，光圈优先，光圈f/1.4、快门1/200、ISO 100、日光白平衡、JPEG/Large

▲拉近与主体间的对焦距离，更能柔化背景。Nikon D70+Nikkor AF 50mm f/1.8D，光圈优先，光圈f/1.8、快门1/200、ISO 200、日光白平衡、JPEG/Fine

◀使用长焦端尽可能制造浅景深。Canon EOS 5D+EF 24-105mm f/4L USM IS的105mm端拍摄，光圈优先，光圈f/4、快门1/500、ISO 100、日光白平衡、JPEG/Large

▶可以看出离对焦主体越远散景越模糊。Canon EOS 400D+EF 50mm f/1.8 II，光圈优先，光圈f/1.8、快门1/250秒、ISO 200、日光白平衡、JPEG/Large

标准镜头在实用性及方便性高过其他种类镜头，但对于追求柔和焦外虚化效果的爱好者来说，标准镜头似乎不如望远镜头受青睐。景深跟镜头焦距以及光圈大小实在有密不可分的关系，因此这也是望远镜头，特别是大光圈望远镜头会受爱好者向往的原因。

要拍出浅景深效果，得先了解影响景深的几项要素，在此列出四种能拍出迷人“焦外”的元素供参考。

1. 光圈：光圈越大，景深越浅；光圈越小，景深越大。这也是为什么户外人像外拍时，那些摄影老手们拼命使用最大光圈拍摄模特儿的原因。
2. 镜头焦距：镜头焦距越长，景深越浅；镜头焦距越短，景深越大。所以风景摄影家以及街头摄影家偏好使用广角镜头来拍摄。
3. 对焦距离：对焦距离越近，景深越浅；对焦距离越远，景深越大。由于微距镜头和DC都有很近的对焦能力，这也是为什么使用微距镜头拍摄时，总能有很柔和的背景。
4. 主体与背景距离：主体与背景距离其实不影响景深形成，但确实会对背景模糊柔化有影响。当背景与对焦主体距离越远，也就意谓着远离景深，离焦点越远影像自然就越模糊，所以想要得到柔化的虚化效果，让主体远离背景也是方法之一。

影响景深的四个因素

光圈

光圈越大，景深越浅；光圈越小，景深越深。

镜头焦距

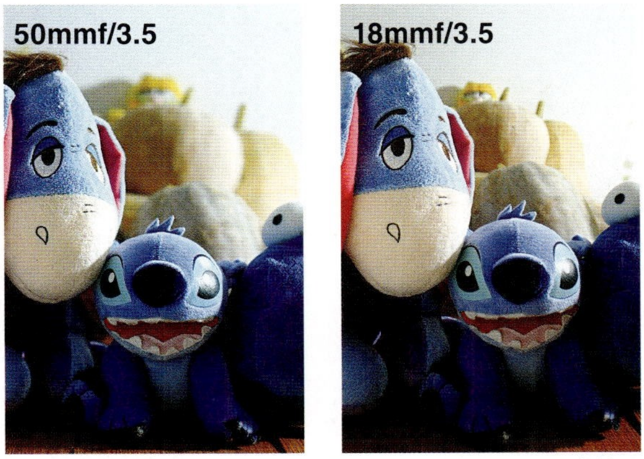

在同样视角下使用50mm/f3.5以及18mm/f3.5拍摄，可看出镜头焦距越长，景深越浅；镜头焦距越短，景深越深。

主体与背景距离

可以看出距离对焦主体越远，背景越模糊。对焦点位于前方的酷龙宝贝，中间的加菲猫还看得出点细节，后面的史迪仔则只剩轮廓可分辨，至于最后方的机器猫则已模糊不可分辨。

对焦距离

可以看出对焦距离越近，景深越浅；对焦距离越远，景深越深。

综合上述四点因素，我们得知标准镜头在光圈大小、对焦距离方面都胜过望远镜头，因此拍摄时只要注意下列四点，即使是光圈不大的非恒定光圈的标准变焦镜头，也能轻松地拍出梦幻级的浅景深照片。

1. 使用最大光圈。
2. 标准变焦镜头尽量使用长焦端拍摄。
3. 尽可能地拉近模特儿与镜头之间的距离，缩短对焦距离，以求得更浅的景深范围。
4. 尽可能让模特儿远离背景，使背景有足够空间被柔化。

如何拍得更广

善用全景软件，让标准镜头升级

注意事项

1. 拍摄时建议使用40~50mm焦距拍摄，主要是为了避免广角端的桶形畸变，以及长焦端的枕形畸变。
2. 以手动模式拍摄，固定光圈、快门、ISO，使曝光量维持在同一个数据，这样才不会造成每张影像明暗不同。
3. 建议使用三脚架，保持相机水平拍摄。
4. 建议使用竖幅拍摄，因为横幅全景照长度可由接图来增加，高度却无法依样画葫芦，这样便能保留更多影像细节。反之，若要拍摄竖幅全景照，则拍摄时应以横幅拍摄。

使用全景云台能使照片接合处更臻完美。Skier 360环景架组。

全景影像操作步骤图解

前期作业

1.使用标准焦距拍摄

将镜头焦段设定在40~50mm，主要是为了避免广角端的桶形畸变以及长焦端的枕形畸变。

2.保持相机水平拍摄

最好将相机固定在三脚架上，保持水平逐一拍摄。

3.重复1/3~1/2画面

拍摄时最好每张照片皆重复1/3或1/2以上的部分，方便接图时使用。

后期调整作业

1.使用全景软件

如Photovista、Photoshop以及Canon PhotoStitch。

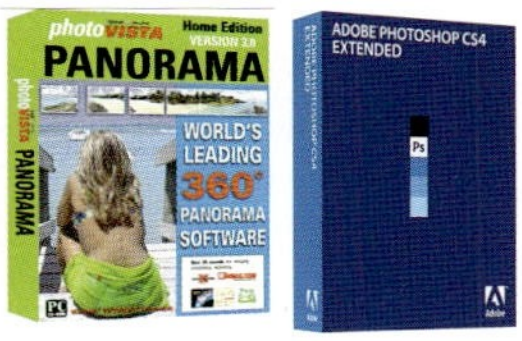

2.开启软件

以Canon PhotoStitch为例，首先单击Canon PhotoStitch开启全景接图软件。

3.开启格式

单击“Open”开启，选择要接合的照片。

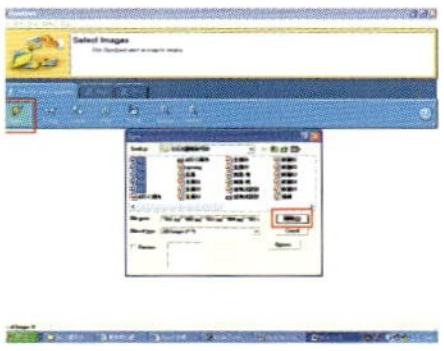

4.细节调整

“Arrange”：可选择水平、垂直、矩阵以及360°。“Switch”：调整影像合成的先后排序。“Clear”：可删除全体照片或所选择的照片。“Rotate”：旋转照片。

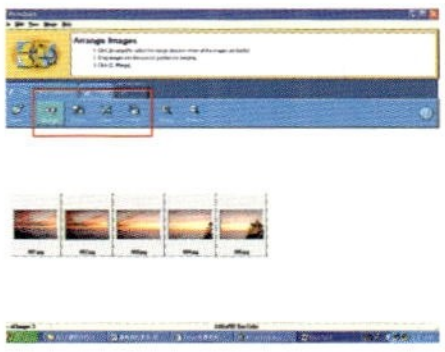

5.合并选项

“Merge settings”：Panning—数码相机水平拍摄的全景照片；Parallel Camera Movement—矩阵拍摄的全景照片；Images Scanned In Sections—扫描的照片。“Focal Length”选择所使用的镜头焦距，这里指经过焦距转换率的焦距。设定结束后，按下“Start”。

6.储存格式

等待合成结束，按下“Save”一张全景照片即大功告成。

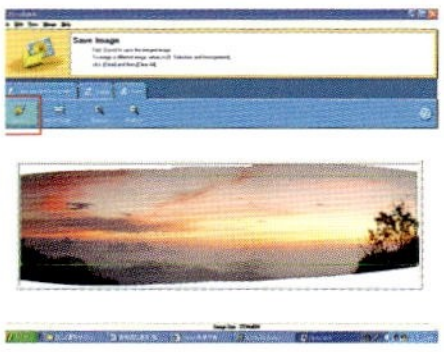

7.完成

夜拍不用闪光灯
利用大光圈捕捉夜间自然光源

Photoshop后期调整增加噪点效果。Canon EOS 400D+EF-S 18~55mm f/3.5-5.6 II，手动模式，光圈f/3.5、快门1/25秒、ISO 1600、日光白平衡、JPEG/Large

Nikon D50+Nikkor AF 50mm f/1.4D，手动模式，光圈f/1.4、快门1/50秒、ISO 400、日光白平衡、JPEG/Fine

Nikon D50+Nikkor AF 50mm f/1.4D，手动模式，光圈f/1.4、快门1/60秒、ISO 400、日光白平衡、JPEG/Fine

Nikon D50+Nikkor AF 50mm f/1.4D，手动模式，光圈f/1.4、快门1/30秒、ISO 1600、日光白平衡、JPEG/Fine

标准镜头由于制作技术较简单、研发历史也较为悠久，因此要做出恒定f/2.8大光圈的变焦镜头或大于f/2.8光圈的定焦镜头都比其他焦段镜头简单。在相同感光度下，拍摄室内、夜间以及其他微光环境，都能比其他种类的镜头有更快的快门速度。甚至只要将光圈开至最大，再配合高感光度（ISO）的调整，想要达到“拍照不用闪光灯”的美梦，其实并非难事。

虽然大光圈、高ISO两种设定都无法为相机求取最佳的画质，但其机动性、方便性却更有利于拍摄者。例如，能在不用三脚架的情况下，记录现场的自然氛围；也可避免使用闪光灯苦等充电时间结束，才能按下快门的麻烦。

所需的安全快门速度更低

85mm因为视角窄，放大倍率高，所要求的安全快门速度更高。30mm、50mm的标准镜头因为视角广、焦距并不长，所以拥有较低的安全快门速度。

相较于85mm f/1.4、85mm f/1.8之类的大光圈望远定焦镜头，标准定焦镜如30mm f/1.4以及50mm f/1.8、50mm f/1.4的优势便在于焦距更短，焦距更短则意谓着拍摄者所需要的安全快门速度门坎更低，如85mm需要1/85秒以上的安全快门速度，而50mm镜头只需1/50秒，30mm镜头只需要80mm一半的安全快门速度。这一点在夜间摄影非常重要，夜间摄影因为光源非常微弱，即使使用大光圈也很难达到1/100秒以上的快门，这时较低的安全快门速度便是影响照片清晰的关键。

使用大光圈，搭配高ISO，即使室内昏暗，也能取得明亮的影像，Sony α 350+85mm f/1.4。光圈优先f/1.4， 快门1/160秒，ISO 400，RAW

相机设定

1. 使用光圈优先，将光圈开至最大，便可提高快门速度。
2. 依自己手持稳定性适时地提高ISO，ISO尽可能越低越好，如此便能得到纯净的影像画质。
3. 开启连拍，开启连拍是为了避免按快门时晃动影响相机，使用连拍能增加手持稳定性。
4. 开启防抖功能，这是一项非常聪明的设计，以目前的防抖技术能将安全快门降低3至4级，这不仅代表爱好者能大胆使用较慢的快门速度拍摄，也能避免使用高ISO降低画质。

拍摄技巧

1. 为避免晃动，建议拍摄时还是倚靠墙壁、支柱等固定物体，并维持正确握持相机的方式，以求手持的稳定性。
2. 拍摄模特儿时可尽量引导模特儿靠近光源处，甚至可将人工光源、火烛作为道具摆放在模特儿身旁，也能达到增加照明的效果。

空间建筑、商业摄影、文件翻拍就靠它

利用变形小的特色拍摄空间建筑与商业摄影

Sony α 900+ZA Vario-SonnarT * 24~70mm f/2.8 2A SSM，手动模式，光圈f/22、快门1/125秒、ISO 100、5200k JPEG

Canon EOS 400D+EF-S 18~55mm f/3.5~5.6 II，手动模式，光圈f/8、快门2.5秒、ISO 100、日光白平衡，JPEG/Large

Canon EOS 400D+SIGMA 18~50mm f/2.8 EX DC MACRO HSM，手动模式，光圈f/8、快门1/6秒、ISO 100、日光白平衡，JPEG/Large

Canon EOS 400D+SIGMA 18~50mm f/2.8 EX DC MACRO HSM，手动模式，光圈f/11、快门1/2秒、ISO 100、日光白平衡，JPEG/Large

标准镜头是所有镜头组之中研发历史最悠久的镜头，也因此其光学矫正技术比其他类型镜头优异得多，无论是色差、像差还是变形抑制，标准镜头都是其中的佼佼者。目前大多数标准变焦镜头，无论是针对全幅还是APS画幅的，从广角端到长焦端都有不错的变形抑制。对SIGMA 18~50mm f/2.8 EX DC MACRO HSM这种变形抑制优良的镜头来说，几乎很难发现其桶形畸变。如果室内空间够宽广的话，则建议拍摄者不要贪图广角取景，不妨将焦距调整至中间的标准焦距，这个焦距的画质除了变形更少，还能避免透视变形效应。

虽然拍摄空间建筑仍以大型4×5相机为主，但近年来随着DSLR蓬勃发展，高达2400万像素的高画质影像，也逐渐威胁到大型相机的生存，不过在控制变形方面，还是以4×5相机比较优秀，因为它可透过皮腔与前后板来校正透视。

透视变形效应

透视变形效应是指在拍摄时，由下往上仰角拍摄，造成建筑物上尖下宽，好像耸入云天的感觉，尤其使用透视感极佳的广角镜头楔石效应最为明显。

数码移轴镜(矫正透视变形效应)

1.开启旧档

将镜头焦点设定为40~50mm，主要是为了避免广角端的桶形畸变。按“格式/开启旧档”或按Crtl+O。

2.选择文件

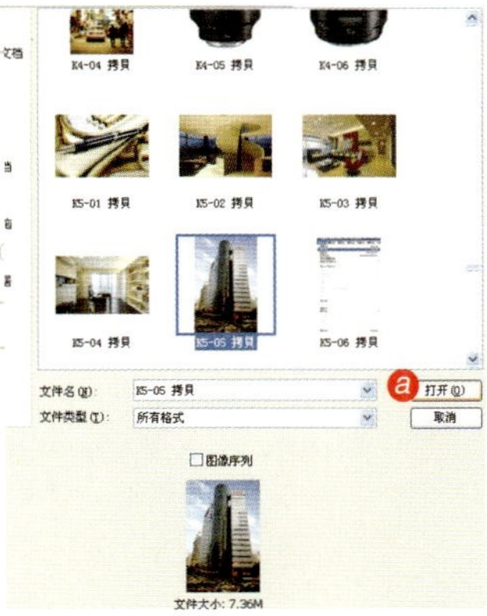

选择所需要的文件，确认后按“开启(a)”。

3.全选

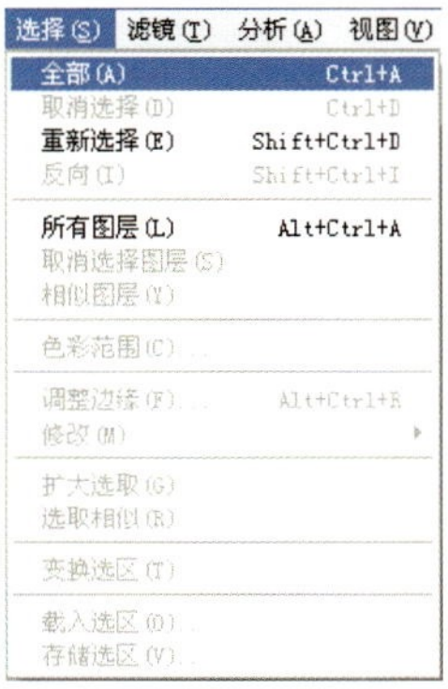

按“选取/全选”或按Ctrl+A，如此才能进行下一步骤。

4.扭曲功能

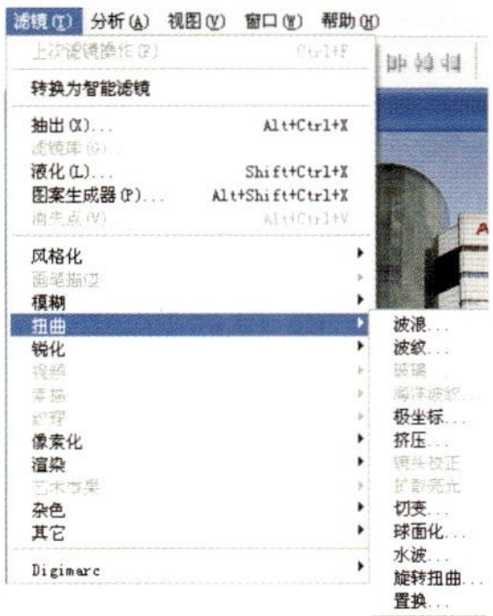

选择“编辑/变形/扭曲”。

5.控制变形

拖曳调整位于角落的扭曲控制点(b)、(c)、(d)、(e)。

6.使用参考线

调整完扭曲控制点后，建议使用参考线来确认建筑物是否垂直或水平，完毕按“确认(f)”。

7.裁切

先单选工具栏上的“裁切(g)”工具。在裁切所需要的部分，完毕后按下“确认(h)”。

8.完成

校正完的透视变形。

可以再靠近一点

利用近摄接环或近摄滤镜拍摄微距

Canon EOS 400D+EF-S 18~55mm f/3.5-5.6 II，手动模式，光圈f/8、快门1/50秒、ISO 400、日光白平衡，JPEG/Large。使用Kenko Close-Up Lenses No.3+No.4近摄滤镜。

Canon EOS 400D+EF-S 18~55mm f/3.5-5.6 II，手动模式，光圈f/8、快门1/60秒、ISO 400、日光白平衡，JPEG。使用Kenko Close-Up Lenses No.3+No.4近摄滤镜。

Nikon D80+Nikkor AF 50mm f/1.8D，手动模式，光圈f/8、快门1/100秒、ISO 200、日光白平衡，JPEG/Fine。使用Kenko AUTOMATIC EXTENSION TUBE SET DG近摄接续环。

Nikon D80+Nikkor AF 50mm f/1.8D，手动模式，光圈f/4、快门1/160秒、ISO 200、日光白平衡，JPEG/Fine。使用Kenko AUTOMATIC EXTENSION TUBE SET DG近摄接续环。

标准变焦镜头不仅拥有较近的对焦距离，推展至长焦端时更有较好的放大倍率，因此常被拿来拍摄简单的微距题材，但若要拿来进行深入的生态研究，就略显不足。为此周边配件厂商研发了许多微距摄影配件，如Close-Up Lenses近摄滤镜、近摄接环都能让爱好者手中的标准定焦镜以及标准变焦镜头，摇身一变成为无往不利的微距镜头。

Close-Up Lenses近摄滤镜

就像其他滤镜一样，安装前先将镜头保护镜取下，再安装在镜头上，便能发挥作用，使用起来非常方便，加上价格便宜，因此常被爱好者拿来尝试微距摄影的乐趣。不过，Close-Up Lenses近摄滤镜也并非完美，只要是加置滤镜，不论是保护镜还是任何镜头都会减少镜头的进光量，因而影响影像质量，加置的滤镜数量越多，影像质量越低。在拍摄时，可以发现使用Close-Up Lenses近摄滤镜的光学质量确实不错，若只单纯使用No.2、No.3、No.4其中一片，其影像质量还是非常优异，也没有紫边现象，但在面对逆光拍摄时会有耀光的问题，且无法对焦至无限远。同时使用多片Close-Up Lenses近摄滤镜时，虽然能求得更大的放大倍率，但紫边现象、周边像差以及耀光问题都会大大提升，建议如有心向往微距摄影深入探索，最好还是购买一支微距镜头，比较实用。

未使用滤镜

使用No.4 Close-Up Lenses近摄滤镜

加装Close-Up Lenses近摄滤镜面对逆光拍摄会有耀光问题。

未使用Close-Up Lenses近摄滤镜

使用No.2 Close-Up Lenses近摄滤镜

使用No.3 Close-Up Lenses近摄滤镜

使用No.4 Close-Up Lenses近摄滤镜

使用No.3+No.4 Close-Up Lenses近摄滤镜

使用No.2+No.3+No.4 Close-Up Lenses近摄滤镜

近摄接续环

是一组内部中空呈现黑色(避免光线漫射)的圆桶状近摄附件，由于没有镜片，因此不会影响影像质量。虽然不会影响影像质量，但随着接续环的增加，镜头与感光元间之间的距离增长，光线所需行进的路径变长，进光量也就因此而减弱，这就是所谓的实际光圈与有效光圈，举例来说，现在使用光圈f/2.8(实际光圈)拍摄，但因为安装近摄接续环，光线减弱，使得影像传感器所能感应到的进光量与f/4(有效光圈)相同，若使用的近摄接续环越多，有效光圈就越小，这也是为什么许多爱好者使用近摄接续环拍摄微距时，相机上的光圈数据总会无故减小的原因。使用时先安装于相机机身上，在将镜头安装至近摄接续环上，其原理与皮腔完全相同，不过镜头的对焦范围会因接续环的增加而受到限制。

微距设备

Close-Up Lenses近摄滤镜

目前有No.1、No.2、No.3、No.4、No.5、No.9，放大倍率依序为1倍、2倍、3倍、4倍、5倍以及9倍。

近摄接续环

Kenko近摄接续环有电子接环，安装在DSLR上可自动对焦，接环分为12mm、20mm以及36mm。若安装在50mm标准镜头上来看，放大倍率分别为

12mm：(12mm+50mm)÷50mm＝1.24×

20mm：(20mm+50mm)÷50mm＝1.4×

36mm：(36mm+50mm)÷50mm＝1.72×

12+20mm：(12mm+20mm+50mm)÷50mm＝1.64×

12+20mm+36mm：(12mm+20mm+36mm+50mm)÷50mm＝2.36×

摄影达人必修16课

Scene01 顺光人像摄影

掌握顺光光线，轻易拍摄人像作品

● **拍摄重点一：**利用闪光灯补光时，可技巧性刻意减少天空的曝光补偿，让天空光线曝光不足，可达到保留更饱和效果的蓝天，模特儿本身则用闪光灯补足光线即可。

这是利用不加减曝光补偿的方式对天空测光。

刻意减少天空的曝光补偿1/3到1左右，天空会更蓝。

● **拍摄重点二：**使用广角端由上往下拍摄时，可建议开启LV功能，进行构图取景，当然在由下往上要带到天空带景时，这也是很棒的小帮手。

↓建议开启相机的LV功能。

→可帮助由上往下或由下往上取景。

● **拍摄重点三：**广角构图较不易用反光板补光，容易在画面中穿帮，因此闪光灯得精准补光，当构图范围缩小，除了可用闪光灯补光，反光板亦可做其他光线效果。

广角构图，闪光灯补光得相当精准。

构图范围缩小，相对的可用闪光灯与反光板去改变光线变化。

Sony α 350+Vario-Sonnar T* DT 16~80mm f/3.5~4.5 ZA的16mm端。f/14，快门1/160秒，配件：外接闪光灯

拍摄步骤

步骤1 利用广角镜头

顺光拍摄，也就是顺着太阳照射的方向拍摄时，所拍摄的天空就会很蓝，因此可利用广角端保留蓝天细节。

步骤2 光圈优先模式

在顺光时，有人会惯用光圈优先去决定快门速度，如果使用压光手法，会先用快门优先测光，再转到手动模式去个别调整光圈和快门。

步骤3 利用闪光灯压光

只要对着天空，利用快门优先测光并设定减1/3曝光，将快门速度设定在1/160秒闪灯同步内，得到光圈例如f/16，再到手动模式下设定f/16、快门1/160秒，再用闪光灯补主体光线即可。

步骤4 利用反光板

当换成中长焦头拍摄半身或特写时，可利用反光板补光，可替顺光作品加分，当然也可以利用反光板控制边缘光或营造其他光线。

★**建议拍摄"顺光人像"专用设定**★ 拍摄模式：A模式或M模式 / 过片模式：单张拍摄 / 白平衡：日光 / 影像质量：RAW+JPEG / 测光模式：多区分割测光 / 动态范围最佳化：关闭 / 风格设定：标准 / 自对动焦区域：定点

Scene02 逆光人像摄影

巧妙运用逆光，将劣势转为优势

● **拍摄重点一：**闪灯输出大小要够大，不然距离如果受限的时候，GN值小的闪光灯，在光圈不变的情况下就无法补足光线了。

● **拍摄重点二：**逆光拍摄会产生影像不饱和现象，假设闪光灯压不过背景光线，建议换个构图方式，不要有太多天空画面，仅留下背景光线即可。

这是使用GN值58，开全光补光效果，脸部光线正常。

这是使用GN值42，开全光补光效果，脸部较暗。

如果逆光拍摄的天空多半没有细节的话，可以换个构图。

↑利用标准变焦镜头，将焦距换成长焦端拍出来的感觉会不同。

Sony α 350+Vario-Sonnar T* DT 16~80mm f/3.5~4.5 ZA的16mm端。f/16，快门1/160秒，ISO 100，RAW。配件：外接闪光灯补光。

拍摄步骤

步骤1 利用变焦镜头

逆光拍摄时，也可利用广角拍摄天空逆光的感觉，当然要采用闪光灯去补主体光源，也可以用长焦镜头，去避开天空的强光。

步骤2 开启LV构图取景

因场景是逆光状态，所以通过取景器不见得容易对焦和取景构图，可开启相机的LV功能，避开阳光来轻松拍摄。

步骤3 利用离机闪光

由于逆光会自然在模特儿头发上行成一道发丝光，是其主要优势，但也会因此在没有闪光灯补光下，主体过暗成为剪影或背景过亮而拍出失败作品。

步骤4 利用全光补光

逆光时强度阳光过于强烈，所以建议爱好者直接使用手动输出全光，如果光线还不够，就将闪光灯距离拉近一些或换一个输出更强的闪灯。

★建议"逆光人像"专用设定★ 拍摄模式：M模式 / 过片模式：单张拍摄 / 白平衡：日光 / 影像质量：RAW+JPEG / 测光模式：多区分割测光 / 动态范围最佳化：关闭 / 风格设定：标准 / 自对动焦区域：定点

Sony α 350+Vario-Sonnar T* DT 16~80mm f/3.5~4.5 ZA的80mm端 。f/7.1， 快门1/100秒， ISO 100， RAW。外接闪光灯补光。

Scene03 侧光人像摄影

侧光制造光比，立体影像随处可见

● **拍摄重点一：**如果光线从模特儿右后方照亮发丝，光的影子多半会出现在脸上，导致肤色较昏暗，因此用反光板给脸补光是必要的。

● **拍摄重点二：**利用构图与改变模特儿脸部和光线的角度也可改善侧光光比效果。如光源方向可留多一点背景，将反光板方向背景留少一点即可。

用反光板补光，脸部亮度会较协调。

未补光，脸部会较为昏暗。

脸部正面受光困难，不过反光板藏在画面右下角，较不易穿帮。

反光板位置相同，只要模特儿脸部角度稍微抬高一些，受光效果也较好。

Sony α 350+Sony α 70~200 mm f/2.8 G的160mm端。f/11，快门1/160秒，ISO 100，RAW。配件：反光板补光。

拍摄步骤

步骤1 利用光圈优先

使用光圈优先模式搭配曝光补偿，是最佳的拍摄设定，如遇到稍微顶光的情况，也可找类似范例照的地形，可有效挡住肤色上的强烈光影。

步骤2 调整基本设定

采用光圈优先后的测光模式，如习惯采用多区分割测光，那就再搭配曝光补偿，如遇到光线较为复杂的环境，才要再去变更测光模式。

步骤3 反光板补光

由于侧光会在模特儿身上产生相对的光比，所以主体位置、拍摄方向与光源方向的摆放就很重要，如果遇到光比过大，由相反方向补光缓和该现象是有必要的。

步骤4 开启防抖功能

使用长镜头拍摄侧光人像，捕捉半身、特写的作品很常见，不过焦距越长，安全快门速度要求就越高，要开启防抖功能才能得到清晰影像。

★**建议"侧光人像"专用设定**★ 拍摄模式：A模式 / 过片模式：单张拍摄 / 白平衡：日光 / 影像质量：RAW+JPEG / 测光模式：多区分割测光 / 动态范围最佳化：关闭 / 风格设定：标准 / 自对动焦区域：定点

Sony α 350+Sony α 70~200 mm f/2.8 G的80mm端。f/4， 快门1/1600秒， ISO 100， RAW。反光板补光。

Scene04 夜间人像摄影

运用低速闪光灯同步，拍出美丽夜间人像

● **拍摄重点一：**使用内闪拍摄夜间人像时，记得把镜头前的遮光罩拿掉，特别是高档的镜头，遮光罩的体积较大，会遮挡内闪的光线，造成人物的下半身有黑影的现象。

● **拍摄重点二：**在光圈优先的A模式下，如未启动闪光灯的低速同步，快门速度过高，所以背景会很暗。而开启低速同步后，快门速度较低，能充分吸收背景光，便可拍出美丽的夜景。

未取下遮光罩的例子，遮光罩遮挡了内闪的光线，造成画面的下半部有阴影。

取下遮光罩后，内闪的照明可以充分照到主体，就不会有一半亮一半暗的情形了。

未将闪灯模式变更为低速同步，背景光线无法拍出来，少了现场的美感。

设定闪灯模式为低速同步，让街灯可以捕捉下来，这才是好看的夜间人像。

● **拍摄重点三：**夜间人像的另一重点是以闪光曝光补偿来进行调整主体亮度。在按下菜单键后，进入闪灯曝光补偿的选项进行设定。

● **拍摄重点四：**如果想拍出不同的效果，可以在拍摄现场稍加用心，本范例便是趁双层巴士经过时按下快门，让车子留下一个动感的背景。

未调整闪光曝光补偿时，闪光灯的照明强度较为明亮，主体看起来比较白皙，但和背景比较不协调。

把闪灯的照明强度通过闪光灯曝光补偿功能来调整，本范例是调弱了1EV的效果，让主体看起来不会死板。

没有特别注意拍摄的快门时机，主体及背景的曝光虽然在技巧上都没有问题，但看起来比较普通。

趁巴士经过时按下快门，巴士在较慢的快门速度之下，在背景上留下了具有动感的背景，让画面更有趣味。

拍摄步骤

步骤1 采用脚架

夜拍时须配合低速闪光同步的使用，此时快门速度会降得很低，因此需要使用三脚架来协助相机的稳定。

步骤2 采用高ISO

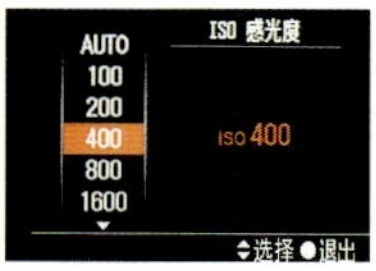

要拍出夜晚街景的灯光，适当的提高ISO到400或更高，可以让快门速度不致于过慢，避免人物移动而模糊。

步骤3 设定低速闪灯同步

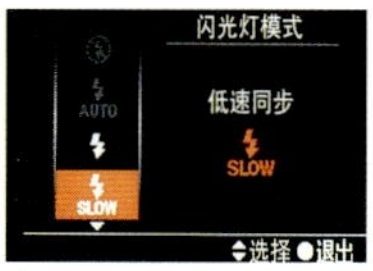

按下机身上的fn键，并将闪灯模式切换至低速闪光灯同步，如此才能同时闪光灯让人像得到正确曝光、以较低的快门速度拍出街景。

步骤4 将模式设定在A

将拍摄模式设在光圈优先，并采用中等光圈如f/4或5.6，保证人像正常曝光的同时也可以吸收现场光。

★建议"夜间人像"专用设定★ 拍摄模式：A模式 / 过片模式：单张拍摄 / 白平衡：自动 / 影像质量：RAW+JPEG / 测光模式：多区分割测光 / 动态范围最佳化：关闭 / 风格设定：标准 / 自对动焦区域：局部

Sony α 350+ Vario-Sonnar T* DT 16~80mm f/3.5~4.5 ZA的16mm端。光圈优先f/5.6， 快门1/30秒， ISO 400， RAW。使用三脚架。

Scene05 浅景深人像摄影

光圈大小控制瞬间进光量，直接影响快门速度与景深

● **拍摄重点一：**广角端虽用大光圈拍摄，但景深还是比望远镜头来得深。也就是焦距越长、光圈越大、对焦距离越近，则景深越浅。

←使用长焦端会比广角端容易拍出背景模糊效果的佳作。

→广角镜头即使用大光圈拍摄，还是没有模糊的浅景深。

● **拍摄重点二：**摄影者本身跟模特儿的距离，还有模特儿跟背景的距离，也都会影响景深，同一个光圈和焦距下，对焦距离越近，则景深越浅。

对焦距离越近，浅景深的效果越明显。

对焦距离远，模特儿也紧贴背景时，浅景深效果不易见。

● **拍摄重点三：**反光板可用来补光与遮光，当摄影者本身要拍摄特写时，如果没有眼神光，可贴近补上反光板，假若光线太强，还可用来遮挡强光，避免在脸上出现不均匀的光斑。

强光在鼻梁及脸部造成高反差，以至于影像阶调产生断阶现象，破坏了美感。

这是利用反光板遮掉强烈光线，避免在脸上造成的不均匀光斑。

拍摄步骤

步骤1 中长焦镜头

影响景深有三个因素：光圈愈大、镜头焦段愈长、拍摄距离愈短，三要素结合后，于影像上就会产生浅景深，所以搭载中长焦距大光圈镜头。

步骤2 光圈优先模式

光圈优先就是拍摄者先设定光圈值，作为曝光控制的首要条件，由相机依现场光线决定快门速度的拍摄方式。

步骤3 开启大光圈

光圈越大，景深会越浅。因此开启镜头的大光圈拍摄，不过由于镜头最大光圈的影像画质会较松散，故建议缩小一点作为拍摄光圈。

步骤4 利用反光板

拍摄特写时有无眼神光线就显得更加重要，正确地用反光板补光可替影像加分。

★建议"浅景深人像"专用设定★拍摄模式：A模式 / 过片模式：单张拍摄 / 白平衡：日光 / 影像质量：RAW+JPEG / 测光模式：多区分割测光 / 动态范围最佳化：关闭 / 风格设定：标准 / 自对动焦区域：定点

Sony α 350+Planar T* 85mm f/1.4 ZA。光圈优先f/2.8， 快门1/800秒，ISO 100，RAW。反光板补光。

Scene06 风景摄影

用心体会大自然，捕捉最美丽的画面

Sony α 350+DT 16~105mm f/3.5~5.6的16mm端。光圈优先f/9， 快门1/200秒， ISO 100， RAW。配件：三脚架、快门线。

● **拍摄重点一：** 拍摄风景，光的方向很重要，顺光拍摄可以将所有景物细节都拍到；反之，若要顾及蓝天，景物就会变成剪影了。

逆光时，为了顾及天空细节，前景的光线就会过暗，而变成剪影。

顺光时，由于地面跟天空反差小，可拍到景物及有层次、蓝色的天空。

● **拍摄重点二：** 采用不同视角，获得与众不同的风景照片，此时可以利用实时取景功能，由上往下或由下往上构图，取景会非常便利。

开启LV功能由下往上取景，再也不用趴在地上了。

尝试由上往下的角度，会出现不同的视觉震撼。

拍摄步骤

步骤1 采用脚架

拍摄风景，重要的是景深大且画质优异，通常会缩光圈来达到目的，另外必须避免稍微晃动所产生的模糊感，因此利用脚架稳定相机。

步骤2 运用广角镜头

多半善用广角镜头拍摄大范围景物，用以突显前景而缩小远景，这种透视感可将背景景深拉开，延伸更壮阔的视觉刺激，提升整体影像张力。记得将镜头前端的遮光罩加上，可避免杂光进入镜头而破坏了影像画质。

步骤3 开启LV功能

可选光圈优先或风景模式，并利用多变的取景角度，方可拍摄优异的风景创作，因此相机实时取景功能，就显得方便许多。

步骤4 快门线辅助

相机装在脚架上用快门线启动快门避免手按造成晃动，假如没有快门线也可以将过片模式改成“10秒自拍定时”。

★建议"风景"专用设定★ 拍摄模式：A模式或风景模式 / 过片模式：单张拍摄，使用10秒自拍定时 / 白平衡：自动 / 影像质量：RAW+JPEG / 测光模式：多区分割测光 / 动态范围最佳化：关闭 / 风格设定：标准 / 自对动焦区域：局部

Scene07 夜景摄影

长时间曝光，捕捉亮丽夜景

Sony α 350+Vario-Sonnar T*16~35mm f/2.8 ZA 的16mm端。光圈优先f/22， 快门15秒， ISO 100。配件：三脚架、快门线。

● **拍摄重点一：** 拍摄夜景的最佳时机，夏天时会在日落后30~45分钟；而冬天则在日落后15~20分钟，此时用相机分别对着天空及街道测光，两者光比小时，是捕捉夜景最美的时机！

一张迷人的夜景，天空不会是太白或过黑，通常都还是会有层次的天空。

天空暗下来之后，天色就会一片漆黑了，这样就会错过拍摄夜景的时机了。

● **拍摄重点二：** 长时间曝光常会出现噪点，曝光越久噪点也越明显，建议开启消除长时间曝光噪点功能。

开启消除长时间曝光噪点功能。

在暗部会明显降低噪点，让影像更干净。

拍摄步骤

步骤1 必备脚架

想要拍摄亮丽的夜景必须利用慢速长时间曝光，脚架是必备工具。假设使用70~200mm变焦镜头云台固定在镜头的脚架环上会比固定在机身上来得稳固。

步骤2 光圈优先或夜景模式

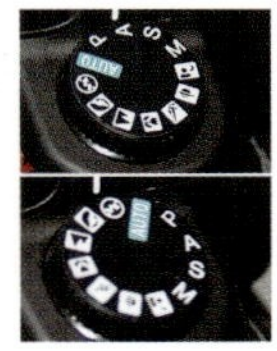

拍摄夜景建议适时的缩小光圈，因此最佳的模式就是采用光圈优先，可以视拍摄结果进行曝光补偿的增或减，画面太亮就减少曝光补偿数值；反之则增加。对于初学者也可采用情境模式中夜景设定来完成。

步骤3 低ISO并缩小光圈

建议试着将光圈缩小，这里是采用f/8至f/11之间，这样可得到扎实的影像，另一方面将光圈控制在该范围内，可以不用让曝光时间因为光圈值缩得太小而变长，而漏失精彩画面瞬间，此时建议将消除长时间曝光噪点打开。

步骤4 利用快门线

虽说机身与镜头已经架设在脚架上，但是多数人在按下快门瞬间时，还是会震动到相机，这瞬间的晃动就会影响画面清晰程度，因此建议使用快门线来拍摄或将过片模式改成：“10秒自拍定时”。

★建议"夜景"专用设定★ 拍摄模式：A模式或夜景模式 / 过片模式：单张拍摄，10秒自拍定时 / 白平衡：自动 / 影像质量：RAW+JPEG / 测光模式：多区分割测光 / 动态范围最佳化：关闭 / 风格设定：标准 / 自对动焦区域：局部

Scene08 建筑摄影

运用采光角度，拍出建筑物的立体感

Sony α350+DT 16~105mm f/3.5-4.5的16mm端。光圈优先f/11， 快门1/500秒， ISO 400， RAW。配件：偏光镜。

● **拍摄重点一：**利用建筑物的线条，可以强化远近的空间感觉。

在取景时没有运用透视感的构图，空间方面的效果比较平淡。

让建筑物的透视线条形成汇聚的构图，可以强化整个画面的空间感受。

● **拍摄重点二：**广角镜头要注意水平及杂物入镜，愈广的镜头在构图时越容易把不相干的物体拍进来，画面的水平也常被忽略，要拍好建筑摄影，这两个都要注意。

忽略了画面的水平，天花板也被拍进来了，画面杂乱。

往前站一步，避开天花板画面看起来就好多了。

拍摄步骤

步骤1 | 使用广角镜头

任何镜头都可以用来拍建筑，不同镜头的效果不一样。望远镜头可以用来撷取建筑物的局部之美，如雕梁画栋之类。如果要拍出雄伟建筑的外观，使用广角镜头或超广角镜头较为合适。

步骤2 | 运用光圈优先

拍建筑外观，用P模式或光圈优先模式均可。P模式通常适合旅行中，以速写的方式记录，光圈优先模式可控制景深效果，适合慢工出细活的拍摄。

步骤3 | 小光圈呈现细节

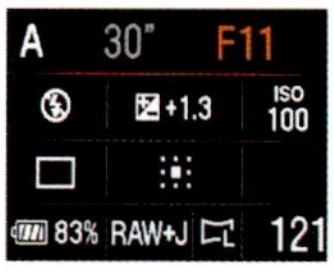

不同于人像摄影的大光圈表现手法，建筑摄影多会运用较小的光圈如f/8或f/11让景深变长，如此才能有足够的景深，涵盖整个主体，特别是使用望远镜头在框取建筑的局部时，小光圈才能表现建筑物的细节，及建筑工艺的质感。

步骤4 | 找侧光角度

不同的光线可以呈现建筑物不同的样貌，顺光的环境带给建筑物最蓝的天空，但容易显得呆板。当顺光的光线与建筑物呈现一定角度时，可以增添建筑物的立体感，如果能让光线相对建筑30°～45°时来拍摄，最具立体感。

★建议拍摄"建筑"专用设定★ 拍摄模式：A模式 / 过片模式：单张拍摄 / 白平衡：日光 / 影像质量：RAW+JPEG / 测光模式：多区分割测光 / 动态范围最佳化：关闭 / 风格设定：标准 / 自对动焦区域：全区

Scene09 溪瀑摄影

善用快门速度，呈现溪瀑的不同风貌

Sony α 350+DT 18~70mm f/3.5~5.6的24mm端。光圈优先f/16，快门2秒，ISO 100，RAW。配件：三脚架、快门线、中灰密度镜。

● **拍摄重点一：**由于溪瀑多采用慢速快门，架设脚架后如果影像还模糊，是因按下快门的瞬间晃动了相机，建议使用快门线或自拍定时功能。

即使利用了脚架，影像还是出现一些晃动造成模糊。

设为"10秒自拍定时"，按下快门10秒后，相机启动快门，确保影像清晰。

● **拍摄重点二：**想要拍摄水流水珠状，快门速度可以快一些，若要涓涓水流绵密感，可放慢快门到1/2~4秒之间，一切要看水流速度来决定。

这是光圈f/4.5，曝光1/60秒，因此水滴状较为明显。

这是光圈f/29，曝光1/2秒，水流较为绵密。

拍摄步骤

步骤1 采用脚架

利用快门速度的快慢，去制造不同影像及创意，因此常常会利用慢速快门，呈现水流似云绵密状的影像，为确保影像清晰脚架是绝对不可少的。

步骤2 低ISO/小光圈

无论利用快门优先或光圈优先都可以，把快门速度降到0.4秒至2秒之间，不过还得视水流速度来判断。拍摄溪流通常采用ISO 100，方可达到较慢速的快门。

步骤3 加装 中灰密度镜

在烈日下即使将ISO调到最低、光圈缩至最小，快门假如依然太快，便需要在镜头前方，加装中灰密度镜减少进光量，让快门速度变慢。如同加装一般滤镜，只要将同镜头口径尺寸的中灰密度镜，顺时针螺旋锁上即可。

步骤4 用快门线或自拍

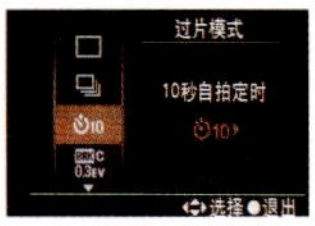

虽说机身上内设防抖功能，但由于快门速度较慢，就算手持很稳的人，还是建议使用脚架和快门线，假若没有快门线，也可调成："10秒自拍定时"，确保不会因为手按下快门瞬间晃动机身，而影响画质。

★建议"溪瀑"专用设定★ 拍摄模式：A模式 / 过片模式：单张拍摄，10秒自拍定时 / 白平衡：日光 / 影像质量：RAW+JPEG / 测光模式：多区分割测光 / 动态范围最佳化：关闭 / 风格设定：标准 / 自对动焦区域：局部

Scene10 宠物摄影

用宠物的视角看宠物，LiveView模式真好用

● **拍摄重点一：** 因为颜色可能会影响测光的结果。不管是什么动物我们都要注意它的颜色，并适当调整曝光补偿。对黑色的宠物，拍摄时在+0EV~-1EV之间调整，这样拍出来的才不会过亮，而浅色的宠物可能要调整+1EV到2EV。

适当的曝光补偿，可以让曝光正确，看起来更为亮丽，这是+1EV的结果。

未进行曝光补偿，毛色看起来并不讨喜，画面也显得暗暗的。

● **拍摄重点二：** 必要时要提高感光度让快门速度够快，否则宠物动来动去就虚掉了。

将感光度调高，获得足够的快门速度，捕捉宠物的样子。本范例快门速度1/125秒。

快门速度不足，无法清楚的把宠物的样子拍下来。本范例快门速度1/30秒。

拍摄步骤

步骤1 采用定点对焦

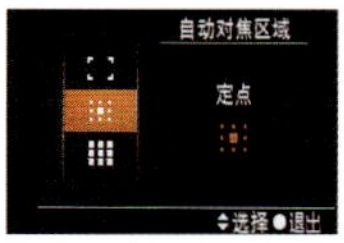

拍摄宠物要特别注意对焦点的选用方式，特别推荐定点对焦。拍摄时先将对焦点对准眼睛，待相机发出合焦声之后，上下左右移动相机完成构图，再按下快门完成拍摄。

步骤2 启动LV功能

拍摄时，如果要用宠物的视角来拍出它们独有的样子，必须贴近地面来拍摄。这时可以使用实时取景功能来拍摄。

步骤3 提高ISO值

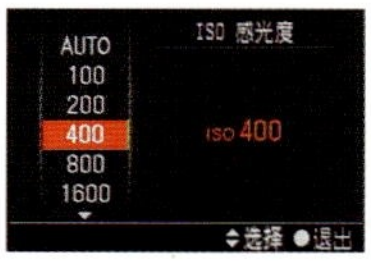

不同的宠物有不同的特性，如果是在室内拍摄，就要适时地提高感光度，才不会因为快门速度过慢，无法抓到宠物的动作ISO值至少提高到400甚至800才够。

步骤4 A模式拍摄

将拍摄模式设定在A，也就是光圈优先，并设定中等光圈如f/4或f/5.6，以获得适当的景深，让宠物有一定的清晰度，背景也有模糊的效果，保证有艺术照的感觉，让宠物像明星一样可爱动人。

★**建议"宠物"专用设定**★ 拍摄模式：A模式 / 过片模式：单张拍摄 / 白平衡：自动 / 影像质量：RAW+JPEG / 测光模式：多区分割测光 / 动态范围最佳化：关闭 / 风格设定：标准 / 自对动焦区域：定点

Sony T A。光圈优先f/4， 1/60秒， ISO 400， RAW

Scene11 宝宝摄影

记录成长的“美”一刻，用照片书写宝宝日记

● **拍摄重点：**对焦在眼睛是拍摄人像的重点要求，一张眼睛准焦的照片看起来才会好看，对焦时要把对焦点对准宝宝的眼睛，并以接近相机镜头的那只眼睛为对焦的基准点。

由于宝宝好动的关系，拍摄时对焦不准确是常有的事情，稍微一偏差，眼睛就模糊了。

拍摄是以宝宝为主角的照片，眼睛一定要清晰，才可以算是一张好的照片。

宝宝摄影小诀窍

很多人会说宝宝真的不好拍，而且每个年纪不好拍的程度还真的不一样，太小的没太多的表情，太大的太顽皮，这时候真的还是要依赖父母或者亲朋好友在一旁玩耍一下，逗弄一下。

(左图＆右图)可拿一些玩具或宝宝熟悉的东西吸引他的目光，使拍摄更顺利。

拍摄步骤

步骤1 使用大光圈定焦镜

由于宝宝的眼睛尚在发育中，所以尽量不要用闪光灯来拍摄，在室内光线不佳的环境中，使用大光圈的定焦镜头是最明智的做法。

步骤2 采用高ISO

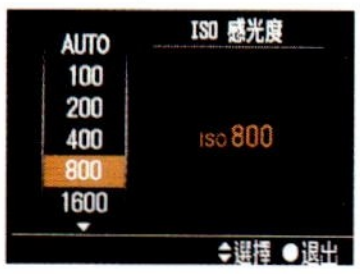

适当的提高感光度到800或更高，让快门速度不致于过慢，才不会让宝宝因为快门速度不够而模糊了。

步骤3 将拍摄模式设定在A

将拍摄模式设定在光圈优先，并采用较大的光圈如f/2或f/2.8，以获得更大的进光量，维持快门速度，又能模糊背景，突显出宝宝的可爱模样。

步骤4 使用Live View模式

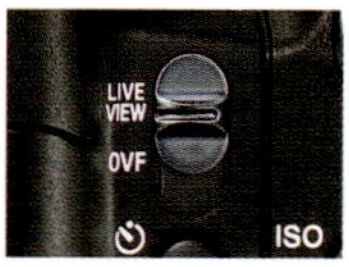

以宝宝的角度来拍摄宝宝是最好的拍摄角度。开启LV模式可以使相机放低位置，再透过机背上的可翻转LCD来取景构图，用来拍摄宝宝爬行的动作或坐着玩耍、吃东西都显得很自然。

★**建议"宝宝"专用设定**★ 拍摄模式：A模式 / 过片模式：单张拍摄 / 白平衡：自动 / 影像质量：RAW+JPEG / 测光模式：多区分割测光 / 动态范围最佳化：关闭 / 风格设定：标准 / 自对动焦区域：局部

Sony α 350+Planar 4 ZA。光圈优先f/2.8，
快门1/125秒， ISO

Scene12 创意合照

快乐聚会有变化，欢乐合照不呆板

这张跳跃的大合照，大家都跳得好“High”哦，你还想到什么样的合照方式呢？下回试试吧！Sony α 350+Vario-Sonnar T* DT 16~80mm f/3.5~4.5 ZA的24mm端。光圈优先f/8，快门1/125秒，ISO 400，RAW。使用三脚架。

● **拍摄重点一：**在合照时，至少要拍摄二张以上，以避免有人闭眼或视线方向不一致。多拍几张，方便最后从中挑选表情、眼神好的照片。

视线方向不一致，照片看起来总是有些可惜。

视线方向一致，又没有人闭眼睛，要多拍几张。

● **拍摄重点二：**用跳跃来化解呆板吧。快门速度要到1/125秒以上，景深要够，光圈要稍微缩一下，要选f/8~f/11甚至更小。

一般的合照流于呆板，有些人不习惯镜头，难免会有“抱歉”的表情。

用跳跃的方式来化解呆板，理想是每个人都在空中，但表情显得开心更重要。

拍摄步骤

步骤1 使用脚架

合照时，如果摄影者也要入镜，那就要请好心的过路人来代劳或使用三脚架来架设相机。

步骤2 设定定时自拍

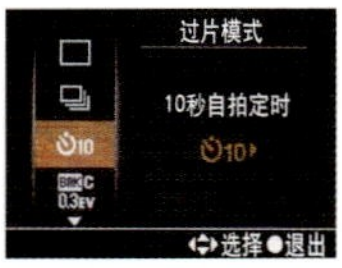

相机自拍定时的选项有二种，一是2秒定时，通常用于没有快门线时用来稳定相机，按下快门后2秒钟快门启动，如果是要合照自拍，请选择10秒的选项。

步骤3 预先构图及对焦

请合照的朋友先行在镜头前方就位，并预留好拍摄者的位置。拍摄者在取景器内看好构图之后，记得也在构图时预先留好自己的空间。接着以半按快门启动相机的测光及自动对焦，让焦点对准合照的朋友们，再全按快门钮，以启动10秒定时自拍。

步骤4 自拍指示灯急闪完成拍摄

当拍摄者按下快门钮后，位于手把上的自拍指示灯便会开始闪烁，并响起提示声，拍摄者要利用这10秒的空档就位合照位置，当快门就要击发时，指示灯会加速闪烁，哔哔声亦会转而急促，大家一起笑开怀吧。

★ 建议"创意合照"专用设定 ★ 拍摄模式：A模式 / 过片模式：10秒自拍定时 / 白平衡：自动 / 影像质量：RAW+JPEG / 测光模式：多区分割测光 / 动态范围最佳化：关闭 / 风格设定：标准 / 自对动焦区域：局部

Scene13 流动轨迹

巧用快门速度，营造虚幻动感

Sony α 350+DT 11~18mm f/3.5-4.5的11mm端。M模式f/22， 快门30秒， ISO 100， JPEG

● **拍摄重点：**使用B门时，曝光时间的长短决定在拍摄者手上的快门线，拍摄时，可以由拍摄者自行默数。当画面过亮或过暗时，快门秒数的增加或减少，要以减半或加倍的方式来处理，并非5秒不足改用6秒，正确的方式是5秒、10秒等。

快门时间不够，拍出来的画面亮度不足，光圈f/22，快门速度2.5秒。

同样的光圈f/22，但快门速度改用10秒之后，画面的亮度好多了。

拍摄步骤

步骤1 使用脚架

要拍出流动的轨迹，关键要用较慢的快门速度，让移动中的物体留下轨迹，在慢的快门速度之下，靠防抖功能是不行的，必须使用脚架。

步骤2 使用广角镜头

长焦镜头在拍摄时常会因为受到天气的影响，如果空气的透明度不好，拍出来的画面会有一层雾的感觉。广角镜头则较没有这样的问题，建议拍摄时使用广角镜头或将镜头转到广角端。

步骤3 设置为M模式

建议用M模式，光圈值不宜设得太大，一般设定在f/8~f/11，而快门速度如果在30秒之内，可以在M模式下选择不同的快门时间。也可以设定为B门，会更方便一些。

步骤4 使用快门线

B门时间的长短控制，是由拍摄者视状况来决定的。启动快门后开始在心中默数1秒钟、2秒钟、3秒钟，如果要精确些，可以看着手表的秒针或定时器来计算秒数。

★建议"流动轨迹"专用设定★ 拍摄模式：M模式 / 过片模式：单张拍摄 / 白平衡：日光 / 影像质量：RAW+JPEG / 测光模式：多区分割测光 / 动态范围最佳化：关闭 / 风格设定：标准 / 自对动焦区域：局部

Scene14 追踪摄影

使用追踪摄影技巧，拍出运动速度感

Sony α 350+Vario-Sonnar T* DT 16~80mm f/3.5~4.5 ZA的80mm端。S快门优先f/11， 快门1/60秒， ISO 100， JPEG

● **拍摄重点一：**拍摄时镜头要随着物体移动的方向移动，并控制好速度，才能把主体拍摄清楚，此时便可以启动实时取景功能。

拍摄时镜头的移动速度没有控制好，所以主体无法清楚地留下影像。

可以启动LV功能，将拍摄的主体放置画面中心，并随着主体运动的方向移动。

● **拍摄重点二：**要拍出有运动感的作品，快门速度不能过快，过快的快门速度拍起来反而因为影像静止而变成没有动感。

快门速度1/500秒的效果，拍起来没有速度感。

快门速度1/60秒，拍起来呈现出运动中的速度感。

拍摄步骤

步骤1 使用望远镜头

要捕捉远处运动中的主体，并拍出速度感，建议使用望远镜头调至长焦端，一是可以拍出较大的主体，画面的震撼感会更强；二是离运动的主体远一点，确保自身安全。

步骤2 宽区自动对焦

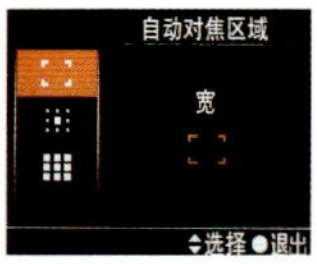

拍摄动态的主体，建议将自动对焦区域设置为宽区，这样拍摄者只要尽力把被摄体保持在这些对焦点区域之内，相机的任何一个对焦点都可以捕捉运动中的物体，让焦距准确，确保影像的清晰。

步骤3 设为连续AF

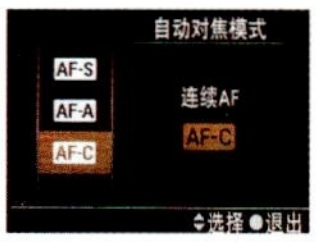

当物体不断在移动时，主体与拍摄者之间的距离会不断的变化，如果使用单次AF，在使用者半按快门对焦到全按快门拍摄时，因为时间差的关系，物体又有位移了，因此必须使用连续AF功能，才能拍出对焦准确的影像。

步骤4 设为S模式

将拍摄模式设定在S模式，也就是快门优先，快门速度建议初学者先以1/60秒来练习。拍摄时，镜头要尽量框准主体，半按快门开始对焦，而身体则随着主体运动的方向转动，以保持镜头与主体的位移相对运动。

★建议"追踪"专用设定★ 拍摄模式：S模式 / 过片模式：连续拍摄 / 白平衡：日光 / 影像质量：JPEG / 测光模式：多区分割测光 / 动态范围最佳化：关闭 / 风格设定：标准 / 自对动焦区域：全区域（宽）

Scene15 微距摄影

使用微距镜头，拍出肉眼无法察觉的景像

Sony α 350+100mm f/2.8 MACRO。光圈优先f/8， 快门1/8秒， ISO 200， RAW+JPEG

● **拍摄重点一：**一般镜头近拍能力有限，所以拍微距题材时，尽量接近主体。如果已经有微距镜了，就不要客气，接近再接近。

未使用微距镜头，近拍的能力有限，很难达到突显主题 的要求。

尽量接近再接近，如此才能发挥微距镜头的功能 。

● **拍摄重点二：**注意稳定！一点点的风吹草动，都会造成画面的模糊。持稳相机，等花儿静止时再按下快门。

小小的手振，在微距拍摄时都会被放大，因此一定要很注意稳定。

拍摄微距还是以三脚架来构图，寻求稳定，才能拍出有质感的好照片。

拍摄步骤

步骤1 使用微距镜头

一般的镜头并不适合近拍，只有标识MACRO功能的镜头才能近拍，但和专用的微距镜头相比，MACRO功能的镜头仅算是可用而已。所以想拍出微小世界的细节，那么专用的微距镜头就有必要了。

步骤2 缩小光圈

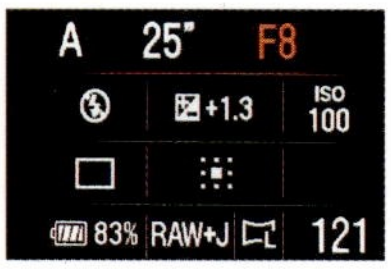

以景深的规律来说，如果光圈开大，将会因为景深过浅，稍有晃动就失去焦点。而主体的样子也无法完整呈现，适度的缩小光圈来拍摄会比较好些，如f/8、f/11或更小。

步骤3 必要时用手动对焦

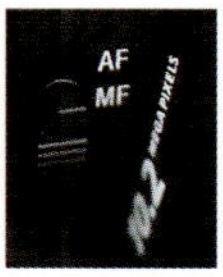

拍摄小东西，特别是拍花的时候，由于花瓣本身的反差比较小，相机的自动对焦系统对于反差小的主体合焦判断十分困难，常会来回搜寻对不到焦点。此时可以切换成手动对焦。

步骤4 使用三脚架

微距拍摄对焦不易，构图也是很不容易的，此时不能偷懒，还得用三脚架把相机架好，借助脚架对焦及构图便能轻松进行。

★建议"微距"专用设定★ 拍摄模式：A模式 / 过片模式：单张拍摄 / 白平衡：日光 / 影像质量：RAW+JPEG / 测光模式：多区分割测光 / 动态范围最佳化：关闭 / 风格设定：标准 / 自对动焦区域：手动对焦

Scene16 微光摄影

发挥高感光度特性，扩展拍摄的领域

Sony α 350+135mm f/1.8。光圈优先f/2.8， 快门1/250秒， ISO 3200， RAW+JPEG

● **拍摄重点一：**在微光环境之下，即使开大了光圈并调高感光度，快门速度通常还是会远低于安全快门，此时启动防抖或使用脚架来协助稳定，有助于拍出清晰影像。

未使用防抖功能或未使用三脚架来协助稳定，出现一些晃动造成的模糊现象。

开启防抖功能，寻找合适的物体来协助支撑相机，可以拍出更清楚的影像。

● **拍摄重点二：**微光的拍摄环境不论是室内或室外，都存在着白平衡不易处理的问题，此时可以在机身内以K数来微调白平衡来修正偏色。

设定在自动白平衡状态，有时拍出来的肤色不一定是想要的。

将白平衡设定在2500K，肤色看起来较接近白天时候看到的样子。

拍摄步骤

步骤1 用大光圈镜头

微光之下这时是使用大光圈的定焦镜头的好时机。它可以让取景器更明亮，取景构图变得更轻松，对焦系统也易于对焦，快门速度因为光圈变大而提升许多。

步骤2 开大光圈

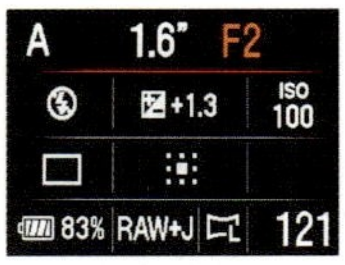

在微光的环境中，记得还要开大光圈才有效果。一方面借助大光圈的浅景深，营造一种特殊的氛围，让照片呈现电影剧照般的感受，一方面则是让大光圈提升快门速度。

步骤3 采用高感光度

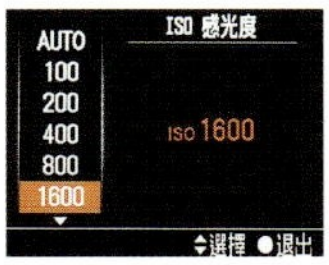

如果快门速度仍远低于安全快门，可以将感光度适度地调高，较高的ISO设定值能有效地提升快门速度。有的拍摄者怕高ISO会产生较多的噪点，但噪点带来的颗粒感反而会产生一种真实的现场效果，没有必要过于担心。

步骤4 启动防抖功能

眼睛看起来昏暗的微光环境，有了大光圈镜头及高ISO的帮助，快门速度会提升不少，如果对于徒手持机没有什么把握，记得把防抖功能打开，确保画面的稳定与清晰。此外，在现场寻找可以协助稳定机身的地形地物，用以支持相机，能进一步的提升画面的稳定作用。

★建议"微光"专用设定★ 拍摄模式：A模式 / 过片模式：单张拍摄 / 白平衡：2500K / 影像质量：RAW+JPEG / 测光模式：多区分割测光 / 动态范围最佳化：关闭 / 风格设定：标准 / 自对动焦区域：局部

使用闪光灯离机线改变闪光灯的生命

“花一万块钱买闪光灯，可以帮助每支镜头增加一万块以上的价值”，这是很早以前流行的关于闪光灯的观点。下面介绍闪光灯拍摄的技巧，并以最简单快速的方式，让大家爱上闪光灯、会用闪光灯。

为什么要让闪光灯离机

打开闪光灯让画面有了照明，使用离机闪光灯让作品有了生命。“离机闪光灯”会让光线的照射更加的自然、立体，一般人会觉得闪光灯照明会变得死白的原因很多，闪光灯直打是主要的原因之一，要解决这种照明不良的情形，让闪光灯离机照明是必要的做法。

图为使用及未使用离机线的照明效果，使用离机线的目的在于让光线有了不同的方向，产生拍摄者预期的照明或营造不同的情境。

如何让闪光灯离机后能发光

如何让闪光灯离开机身后，能在按下快门钮时闪光灯能同时发光呢？势必要通过某种连通方式，这些连通方式可以分为无线及有线两大类，本次要介绍的是以“有线”的方式来使用离机闪光灯，它必须使用名为“离机线”的辅助设备。各厂家都有为其闪光灯系统所生产的原厂离机闪光灯线，以实现离机闪光灯又保有全部控制功能的理想。

Canon原厂的离机线称为“OC-E3”，长度为0.6米。Nikon有SC-28及SC-29 两种离机闪光灯连接线。SC-28 是前一代SC-17的改良版本，使用时以快拆拨钮及防脱针的方式，让离机线能和相机或闪光灯紧密的结合。至于SC-29 则是多了对焦辅助灯。SC-28及SC-29的长度都是1.5米。

专业闪光灯厂 Nissin推出了一款相当特别的闪光灯，同步延长电缆线Nissin SC-01。它以独特的设计，在一条离机在线，同时可以支持Canon、Nikon、Olympus及Pentax等4家闪光灯系统。此外，其他原厂的“离机线”是为了“离机闪”的需求，所以只支持单一闪光灯，而Nissin SC-01的相机热靴端口上方还有一个热靴，这样，SC-01就可以分别在二个位置上放置闪光灯。

Canon OC-E3

Nikon SC-28与SV-29

Nissin SC-01

“离机线”是用来连接离开机身之后的闪光灯，让机身及闪光灯之间的信号得以正确沟通，闪光灯才能在按下快门时正常发光。

离机线怎么用？

专用离机线的端口、热靴上有和机身及闪灯一模一样的接点，所以当闪灯透过离机线机身时，所有的功能都和连接在机身上相同。当使用离机线时，闪灯及机身都无须再进行任何设定。

步骤 1
将发信端锁上相机的热靴
步骤 2
将闪光灯锁上离机线的热靴座
步骤 3
使用时，可以手持或把离机线锁在三脚架上

解析使用离机线的压光手法

建议初学者想要尝试所谓的“压光”，可以先用机身M模式配合闪光灯TTL模式来拍摄，最能快速上手。以下为大家介绍压光人像的拍摄流程：

1首先把相机的拍摄模式设定为M模式。

2直接对要摄的背景测光，测光模式可选择矩阵或权衡式测光，目的在测得整个背景的正确曝光值，并没有必要使用点测光。

3在M拍摄模式下，可先把光圈定在f/5.6或f/8左右，再调整快门速度，相机的测光得到一组光圈快门的组合。

4按下快门试拍一张，从LCD上看看这组光圈快门的组合，分析背景亮度，如果太亮，调高快门速度，太暗，就必须再降低快门速度。

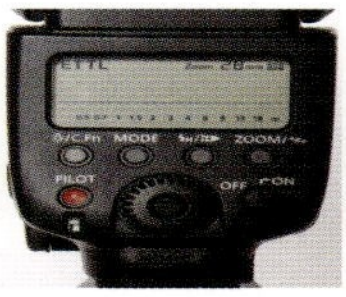

5将闪光灯开启，闪光灯模式设定在TTL，按下相机上的快门钮试拍一张。

6浏览刚拍的照片，分析主体亮度是否合宜，太亮则要调闪光灯曝光补偿负补偿，太暗就调正补偿。

拍摄信息：Canon EOS 40D，M模式 f/8 1/200秒，EF-S 17~55mm f/2.8 IS USM，ISO100，550EX闪光灯 M模式 M全输出，配合原厂加长型离机线及反光在模特儿右前方照明。

按上述的流程，就可以很快地拍出自己想要的闪光灯补光的照片，不妨试试看！

更大的挑战——强光下的用光方法

前面的示范场合是在夕阳西下的时候，就拍摄的难度来说是较低的，适合初学者。对于较高水平的拍摄者，则可选择与太阳正面冲突的拍摄环境，拍出火热的太阳及蓝色的天空。

Canon原厂的离机线中，仍在销售而且支持完整 ETTL II控制的，仅有OC-E3一种，长度只有0.6米，如果要大幅度的改变打光的位置及角度，是不太够用。但可以找到目前连接后长度可达3米的原厂离机套件来使用。

之所以称为离机套件，是因为它是由TTL Hot Shoe Adapter 3、Off-Camera Shoe Adapter(OA2)及Connecting Cord 300三样配件，相互连接而成，可以组合成为3米长的离机线，但因属旧款设计，仅能用闪光灯M模式，并不支持 ETTL II。

本范例是在废墟的场景，用离机线将闪光灯置放模特儿的左方，先把机身设定在M模式，针对背景测光，而闪光灯模式则是设定在M模式全输出来照明。在光圈设定方面，为了拍出光芒的效果，所以把光圈缩在f/22，并以广角镜头拍摄，快门速度则是设置在1/250秒。

构图的重点，在于使用广角镜头以容纳太阳本身，以及照耀在水面的反光，在闪光灯全输出的状况之下，终于做到了！

Canon

原厂 3米离机线组

拍摄现场

闪光灯配合反光板跳灯

将闪光灯的光线打在反光板上，光质变得较为柔和，在背景的明亮度方面，透过快门速度的再降低，让整体反差表示较直打的范例来得柔和些，搭配模特儿健康的肤色让画面的视觉效果产生时尚感。

闪光灯直打的效果

直接照明的闪光灯光线光质较硬，反差大，配合刻意曝光不足的天空，视觉效果十分强烈，营造出不同于肉眼看到的情境。

光质再进化——离机线与反光板的结合

跳灯是闪光灯运用的一个重要技巧。跳灯有改变光质，让光线柔和的效果，较常运用跳灯的场合是在室内，户外在没有适当的媒介是无法打跳灯的。

这里示范结合离机线与反光板，拍出不一样的效果。黄昏时的光线是带着金黄色，且较柔和的。在一般的情形下，如果只用反光板来补光就足以改善反差，但是使用反光板的效果比较平淡。

这里示范了两种打光的手法，第一种是以时尚感的拍法，测光时故意让背景曝光较基准值低了二级的曝光，使得原来浅蓝色的天空变成深蓝色，并以闪光灯搭配离机线之后直接照明，这样的效果拍出来的反差极大，适合较强烈风格的拍摄主题。

第二种手法是以离机线将闪光灯离开机身，但并不直接照明主体，而是采用反光板来“跳灯”，让光线变得比较柔和，背景的曝光则改为不足一级，以符合主体较为柔和的感觉。

拍摄现场

拍摄现场

拍摄信息：Canon EOS 40D，M模式 f/8 1/200秒，EF-S 17~55mm f/2.8 IS USM，感光度ISO100，550EX闪光灯M模式 M全输出，配合原厂加长型离机线及反光在模特儿右前方照明。

节庆夜景人像拍摄技巧

“微光”及“灯光”夜景人像会用到白天拍摄人像时不常用到的器材——三脚架。一支稳定的脚架不仅可以稳定相机，也有助于提升夜拍作品的质量。

三脚架除了可以用来稳定相机，也可以用来架设闪光灯，配合闪光灯的离机控制，让拍摄的手法更具变化。

每年到了年底，由圣诞节、元旦、新春到元宵节，街头的灯光布置把热闹的节庆装点的十分美丽，少不了摄影人在其中取景。

目前流行的夜景人像拍摄，可以分为现场光源（或称为“微光夜景人像”）与使用摄影者自备灯光的“灯光夜景人像”两种。这两种拍摄手法所使用的器材及拍摄技巧并不相同，现在将从器材的准备开始，介绍灯光夜景人像的拍摄技巧。

器材准备

工欲善其事，必先利其器。要拍出美丽的夜景人像，须先把夜景人像所需的器材做一个了解，并且准备好，才能顺利地进行拍摄作业。

三脚架

刚提过夜景人像有“微光”及“灯光”两大类，不管是哪一种手法，都会在光线微弱的状况下来拍摄，即使拉高快门速度或启动防抖功能的机身与镜头，也很难在1/4秒、1/2秒甚至1、2秒的慢速快门之下不晃动，最传统却最为有效的解决方式，便是准备一支稳定可靠的三脚架。

脚架除了可以用来架设机身之外，还可以用来架设闪光灯。由于闪光灯的重量比较轻巧，对于脚架的稳定性要求比较低，此时“赠品脚架”便可以派上用场。

电子快门线

电子快门线是三脚架的好搭挡，拍摄夜景人像或长时间曝光的风景作品，以电子快门线来启动快门可避免因为手握着机身，导致按下快门造成相机晃动的可能。

即使是同一品牌的机身，也可能因为机型的不同，而需配合不同型号快门线，在购买之前要先确认这点，以免买到不相符的快门线。

有些摄影爱好者会以遥控器替代电子快门线。遥控器用来操控快门，相较于电子快门线，是较为不方便，但应急使用还是可以的。

电子快门线

电子快门线是配合三脚架使用的另一项设备，有些高档的型号还有定时的或间歇拍摄的复杂功能，如果是仅用在夜景或夜景人像，一般摄影者仅须挑选有“开启/关闭/锁定”功能的简易型电子快门线即可。

闪光灯

所谓的灯光及微光这两种夜景人像手法的差异，主要在于如何运用自备的光源与现场既有的光源自然融合。灯光人像会运用自备的光源来补光，而微光则是尽量以现场光源运用为主。

闪光灯可以补充现场光源的不足，并提供质感良好及色温准确的光源。一般中档及入门的DSLR都具有一个低功率的内闪，用来拍摄简单的夜景人像是足可应付的，如果想要拍出更好的质感及美感，一个输出较强的外接式闪光灯可以让光线的运用更上一层楼。

原厂的外接闪光灯不仅输出强，还可以抬头、摆头，让光线的照明方向有变化，搭配内建的扩散片及反射片，还能增加闪光灯照明的弹性，这些都会让摄影者多花一点预算，用外接闪光灯来丰富作品的好理由。

原厂的外置闪光灯系统，还有多种配件可以搭配，使得单纯的闪光灯在光线的变化上出神入化，让作品更上一层楼。

超广角镜头的视角较大，可以纳入更多的夜景，图为使用Canon EF-S 10~22mm超广角镜头拍摄的范例。

Canon EOS 40D，M模式 f/8 1/200秒，EF-S 10~22mm f/3.5~4.5 USM，感光度ISO400

镜头

任何镜头都可以拍摄人像。由于超广角的视角大，能把华丽的夜景纳入画面中，特别适合用来拍摄夜景人像。

以APS-C的DSLR来说，适合的超广角镜头有12~24mm镜头，但由于超广角镜头的运用不易，用18mm或17mm起的标准变焦镜头，也是不错的选择。至于是否采用大光圈镜头，在灯光人像的拍摄手法上，是没有很大的差别的。

如果是微光手法的夜景人像，主流镜头应是大光圈的定焦镜头。例如，24mm f/1.4或35mm f/1.4可以在微光下拍出特别的气氛，有不少人特别偏好这种表现手法。

微光人像对于镜头的要求条件较高，大光圈的定焦镜可以说是此类拍摄手法的主流设备。

Nikon D90，M模式 f/2 1/30秒，AF 85mm f/1.4 D，感光度ISO400，SB900闪光灯TTL模式。

使用机身M模式配合闪光灯TTL模式

全手动的“M”模式，可以说是拍摄夜景人像最佳的模式。在机身的M模式之下，光圈及快门的组合可以由拍摄者自己来决定，用在拍摄夜景时，可以有效地控制主体及背景的明亮程度。

配合外接闪光灯的使用，必须先有个观念，就是闪光灯的照明的范围是有限的，当用于夜景人像时，闪光灯的光线仅能满足主体的照明，对于背景的影响是有限的，此外，闪光灯的输出控制，与机身对于背景的测光，须分别控制。

对于闪光灯的运用，可以先把闪光灯的控制模式切到“TTL”，并且以闪光曝光补偿来调整对主体照明程度。而整张画面的明暗控制，在闪光灯TTL模式之下，主要是由机身上的光圈快门的搭配来决定。

拍摄时，先把闪光灯关闭，将机身的测光模式切换至“矩阵（某些机型称为权衡式测光）”，用以决定一组光圈快门组合，并先试拍一张，透过DSLR可以即拍即看的特性，以机背上的LCD即可看出来在M模式下的光圈快门组合是否合适，如果背景的亮度不理想，可以把快门速度再降低。

在不启动闪光灯的状况下，先决定好背景的亮度，再开启闪光灯，对焦、构图、按下快门拍摄即可。

虽然闪光灯的TTL模式愈来愈聪明，但难免有不尽理想的时候，此时便可以运用闪光灯的曝光补偿来进行主体照明强度的调整。

拍摄流程

1.把相机设定在M模式，测光以考虑大面积背景的“矩阵或中央重点平均”模式，并以三脚架来稳定机身。

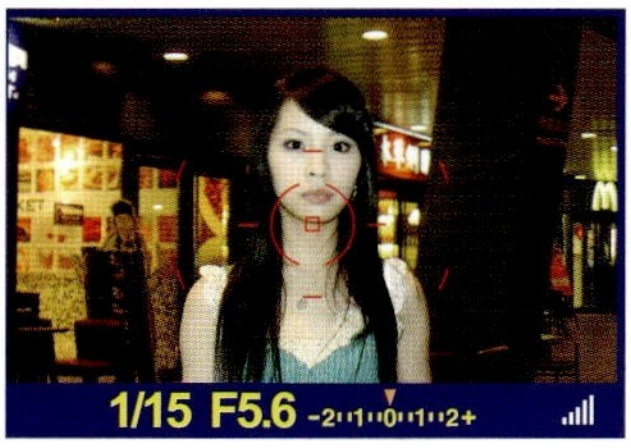

2.关闭闪光灯试拍，决定一组能表现适当背景明暗程度的光圈快门。相机提供的测光值仅能当作一个基本参考，主要还是透过机背上的LCD来判读。

3.开启闪光灯试拍，以闪光灯的TTL曝光补偿，控制主体的照明。当主体及背景的明暗都在掌握之内时，接下来的问题，便是构图及表情的掌握了。

以这样的手法，只要找到适当的夜景地点，便可以很轻松的拍出好看的夜景人像来。

Canon EOS 40D，M模式 f/4 1/8秒，EF-S 17~55mm f/2.8 IS USM，感光度ISO100，580EX II闪光灯 TTL模式

不同的趣味拍法

介绍一些拍摄手法，在同样的场景下可以拍出不同的趣味，以增加画面的变化性。

爆炸法

在按下快门的同时，转动变焦镜头的变焦环，由广角端到望远程，就能拉出从画面中心向四周放射的光迹，如此可以用来处理杂乱的背景。如果是帮家中的小朋友拍照，这样的方式肯定会受到小朋友的欢迎。

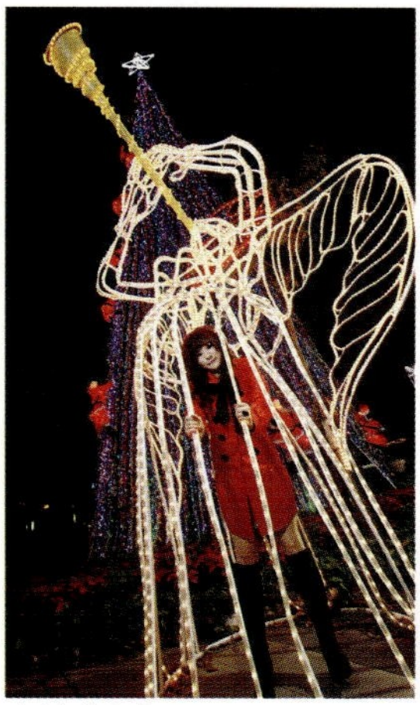

未转动变焦环

转动变焦环

Canon EOS 40D，M模式 f/4.5 1/15秒，EF-S 10~22mm f/3.5~4.5 USM ，感光度ISO400，580EX II闪光灯 TTL模式

未摇动

摇动机身法

如果用的是定焦镜，是无法用转动变焦环方式拉出光迹的，但可以用摇动机身的方式，创造出时尚感的作品来，这时就不用脚架来架相机了，徒手持机来摇动即可拍出这种效果。

摇动机身

Nikon D90，M模式 f/4，1/15秒，AF-S 50mm f/1.4 G，感光度ISO400，SB900闪光灯TTL模式

用离机闪改变天气

大部分的摄影人一看到天气不好就收相机了，总觉得没有蓝天白云就拍不出好照片。其实任何天气都可以拍出有感觉的好照片。闪光灯除了在暗处补光、在大太阳下压光之外，还可以用来改变天气的影响。

离机闪光灯的通联的方式

要让闪光灯克服天气的障碍，首先要让闪光灯离开机身才能实现，主要是借着离机照明，让手上的闪光灯替代太阳的职能，拍出阳光普照的情境。离机的方式有很多种，有用离机线的，有用原厂光控组件的，以及用专业灯光厂的无线电设备的。

离机线是信号最稳定，使用最简便的离机设备，不过长度上会受到一些限制。以Canon的离机线OC-E3为例，长度仅60公分，实用价值降低不少。

Sony、Nikon及Olympus等三家的机身可以使用内闪来摇控外闪，达成离机的目的，室内使用通常没问题，但在户外的接收状况比较差些。

Canon及Nikon均有专用的离机信号发射器，可以同时控制2到3组的离机闪光灯，同样是以“光信号”来控制，户外使用上较为不便。

专业设备厂生产的无线电离机闪光灯控制设备，通讯状况不受距离限制，但是只能使用闪光灯M模式，而能TTL控制的无线电离机设备又十分昂贵。

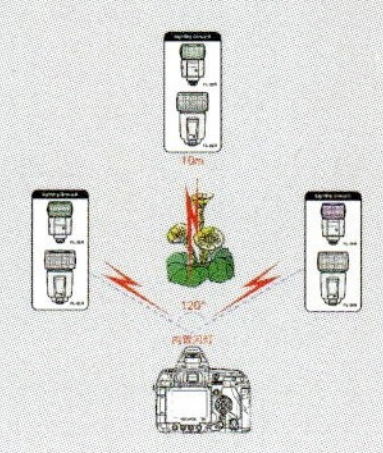

内闪的离机光控有效范围示意图，在收讯良好的室内空间，内闪可以进行光控大约在向前10米、左右120° 的范围。

【例1】以离机闪创造窗外艳阳洒落感

Canon EOS 5D Mark II，M模式，f/3.2，1/60秒，Tamorn 28~75mm f/2.8，感光度ISO200，580EX II闪光灯+580EX M模式1/4输出。

现场实景1

现场实景2

现场实景3

布光图

在阴天的室内，想要拍出有如艳阳自窗外照射入内的感觉。拍摄时分别使用了Canon 580EX II当成指令灯，以原厂的离机控制方式触发位在窗外的受控光，另一支580 EX闪光灯。为了让主体有足够的照明并产生逆光的效果。

由于闪光灯一个在室内，一个在室外，信号的接收并不是那么容易，所以在拍摄时，用了一条离机线把指令灯离开机身，方便安置适当的角度，让在室外的闪光灯可以收到信号，才能顺利激发。

EOS的DSLR自40D起，便可以透过机身内的菜单来设定离机闪的各个选项，较以前只能在闪光灯上设定来的方便许多了，不过外闪须使用580 EX II或后继的同级灯。

注：图片的左侧上有一点烟雾感，不是玻璃没擦干净，是因为户外有人吸烟。

【例2】改变天气的离机闪

Canon EOS 40D，M模式，f/4.5，1/30秒，EF-S 17~55mm f/2.8 USM，感光度ISO400，使用COMET 1200W外拍灯。

现场实景1

新人的正面也可以用另一支闪光灯来补光，图为正面补以闪光灯的效果，不如反光板自然，但较为明亮，新人接受度较高。

现场实景2

现场实景3

布光图

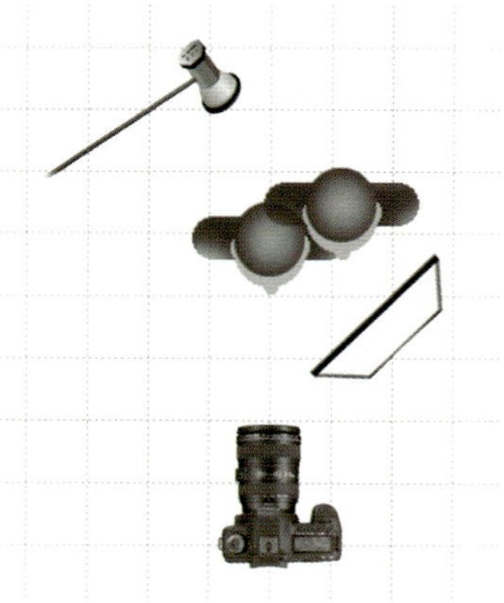

时间可以挑、地点可以挑，但是天气无法挑。本页的作品拍摄婚纱照，特别找新人最喜欢的山谷，可是拍照当天，山上的气候不佳，还起了浓雾。

还好带了闪光灯，把灯头用3米高的专业灯架架高，直接自新人后方照明，强光穿过雾气，形成阳光普照的氛围。

拍摄时，在新人的前方还用了反光板，把自背后照射而来的“阳光”反射到新人的正面补光。

【例3】改变反差与色彩的离机闪

拍摄信息：Canon EOS 40D，M模式，f/4，1/15秒，EF-S 17-55mm f/2.8 USM，感光度ISO200，使用580 EX II及ST-E2

未补光的样子

现场实景2

在光线不佳的场合使用闪光灯补光，仍需注意快门速度，维持相机稳定，以免晃动造成主体模糊。

布光图

同样是婚纱照，同样不是艳阳高照的天气。按照喜欢拍摄人像的摄影师说法，阴天的反差小，更适合拍摄与人像相关的题材。如果是以长焦镜头浅景深的表现手法来拍摄“大头照”，阴天的天气是很适合半身的特写，如在阴天拍摄婚纱，那么婚纱的细节及质感就不是那么容易显现。

有别于前面把闪光灯从背后采取逆光的方式照明，本范例则是正对着新娘的前面来打光，拍摄时，离机闪设定成待命状态，而信号的发送则是经由专用的ST-E2命令发射器来处理。

使用滤色片变化情境氛围

闪光灯滤色片的认识

用闪光灯来变化情境氛围的方法很多种，首先登场的是使用闪光灯滤色片。闪光灯滤色镜是特殊材质并经过高质量处理的带色胶片，常用的闪光灯滤色片有琥珀色及淡绿色两种。

琥珀色及淡绿色这两种滤镜的原始用法，是利用滤色片改变闪光灯原本白色的灯光，让闪光灯的光线和环境符合，拍出来的整体的光线感觉才不会显得突兀。

常见的闪光灯之中，Nikon的SB800附有琥珀色及淡绿色的滤色片，而SB900则是附有4片浓淡不同的琥珀色及淡绿色的滤色片。

至于没有滤色片的其他型号闪光灯，目前专业器材厂商也有通用型的商品问世，使用者购回后，自行剪裁、加工，使其可与闪光灯结合。

官方名称为“SJ-900”的SB900闪光灯专用滤色片，一共有4片，可由使用者视环境的色温配合使用。

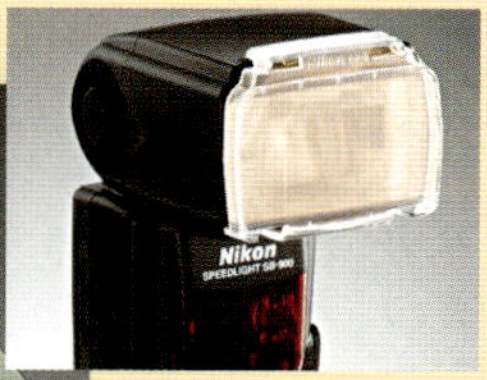

以SB900来说，滤色片是用一个专用的罩子来罩住，将之与灯头结合，才不致于脱落。

没有滤色片的闪光灯，可以购置通用的闪光灯滤色片。

闪光灯滤色片的基本使用

使用时，把滤色片放置在灯头。如果是琥珀色的滤色片，它适用于现场为钨丝灯照明的环境，安装后，记得把机身上的白平衡要调为“钨丝灯”，这样才能把矫正的闪光灯投射在主体上；淡绿色的滤色片则适用于日光灯照明的环境，将机身上的白平衡设定为“荧光灯”。

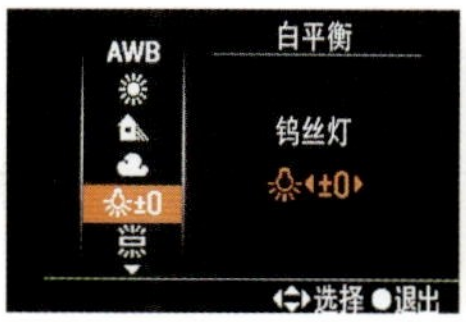

配用琥珀色的滤色片时，机身上的白平衡要调为“钨丝灯”，才能确保主体颜色正确。

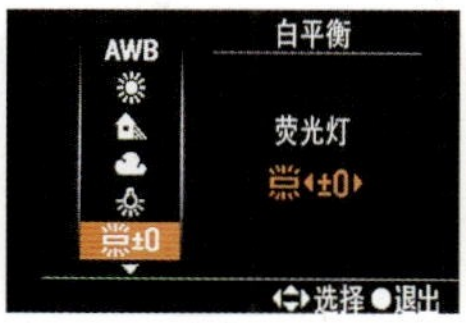

淡绿色的滤色片则适用于日光灯照明的环境，机身上的白平衡请设定为“荧光灯”。

在暖色调的环境下，未使用任何滤色片，即使打了闪光灯，整体环境仍显得偏黄。

在闪光灯灯头上装置琥珀色的滤色片，机身上白平衡调为“钨丝灯”，可以让整体的色调一致。

提高拍摄使用滤色片效果范例（1）造成室内外冷暖调差异感

本例是将琥珀色的滤色片放在闪光灯前，并将机身白平衡调成钨丝灯的拍摄效果。对照组是未装置任何滤色片的情形。二组拍摄时均把闪光灯向上扳起，以跳灯的方式，将闪光灯的光线投向天花板，再扩散而下，以求光线柔和。

未使用滤色片的室内及室外的光温较为接近，但使用了琥珀色的滤色片并把机身白平衡调为“钨丝灯”之后，可以造成室外与室内的色温差异，营造冷暖色调差异感。

未使用滤色片

使用琥珀色滤色片

使用滤色片提高拍摄效果范例（2）
造成背景的冷色调

除了在室内环境拍出色温一致的正常用途之外，把它“错用”到户外，造成主体与背景有强烈的色调差异，这儿仍是以添加琥珀色滤色片为示范的重点。

在天桥拍摄，桥的塔楼上有一片水晶质感的玻璃砖引起了摄影者的注意，请模特儿站在前面，再以580EX II配合 ST-E2离机照明，闪光灯及机身均调在M模式，灯的位置在模特儿正前方。

拍摄时，分别以使用琥珀色的滤色片及未使用，请看它的不同效果。而次页是在天桥桥面上，结合滤色片与压光的技法，拍出比较强烈的视觉感受。

为什么要设定钨丝灯白平衡

闪光灯的光线原来是正常5000~5500K的白光，加上琥珀色的滤色片之后，就变成3200K的钨丝灯光源的色温了，如果不设定机身上的白平衡，那么就会呈现出过红的现象。

使用滤色镜

Canon EOS 5D Mark II，M模式，f/9，1/60秒，Tamron AF 28~70mm f/2.8 Di，感光度 ISO100，权衡式测光，日光白平衡，JPEG，580EX II M1/8 输出配合ST-E2离机照明。

未使用滤色镜

拍摄环境

拍摄信息：Canon EOS 5D Mark II，M模式，f/22，1/200秒，Tamron AF 28-70mm f/2.8 Di，感光度 ISO100，权衡式测光，日光白平衡，JPEG，580EX II M1/2 输出使用改装离机线。

名家商业摄影理念

图一（Canon EOS 5D + Canon EF 24-105mm f/4L IS USM的80mm端，光圈f/5、快门1/125秒，ISO 200，手动白平衡，RAW）

善用一机一镜，创造无限商机

对于商业摄影来说，摄影棚内最好是有一支镜头，可以应付大部分的拍摄状况，而全幅机身搭配一支24~105mm变焦镜头，是最具代表性的完美搭档。对于拍摄服装造型、广告摄影来说，从24mm全景拍摄，到50~80mm捕捉半身作品都很方便，如果要拍摄脸部彩妆特写，也可以利用105mm解决，几乎是一机一镜就可以完成85%-90%的影像需求。

强调服装的半身照（如图一）可利用镜头中焦拍摄，也就是搭载在5D身上的24~105mm变焦镜头的80mm左右焦距拍摄，由于在摄影棚内牵涉用灯的距离，因此使用变焦的镜头很方便。假设要拍摄人带景的横幅构图（如图二），也可以用60mm左右的焦段，要注意的是场景为逆光环境，因此要掌握好模特儿前方棚灯光线对主体补光，而且受限于空间的关系，拍摄者与模特儿之间的距离无法变更，因此使用标准变焦镜头最为省时省力。

拍摄全景竖幅构图（如图三），还得加上模特儿整套服装以及环境等因素，采用24mm端较容易完整表现摄影师及客户的拍摄要求，且标准变焦镜头的变形抑制比起超广角来得好掌控，因此全幅机身搭载24~105mm是棚内商业摄影最常用、最好用的工具。

摄影：

涂崇圣

► 图三（Canon EOS 5D + Canon EF 24~105mm f/4L IS USM的24mm端，光圈f/5、快门1/125秒，ISO 100，手动白平衡，RAW）

▼ 图二（Canon EOS 5D + Canon EF 24~105mm f/4L IS USM的60mm端，光圈f/5.6、快门1/125秒，ISO 100，手动白平衡，RAW）

维持所见 掌控氛围

大家熟知的Alex平常惯用广角镜来创作，使用标准镜的最大理由在于要维持被拍摄主体不变形，与眼见即是的原则相同，且使用大光圈所获得的景深，也是用标准镜的主要原因。例如使用50mm f/1.4的镜头（如图一），将对焦置于眼睛之处，光圈开启最大，要的就是焦点以外的朦胧感。

另外，利用标准镜头不变形的特性，忠实的描写环境、人物与情境（如图二），这个方法常用于拍摄服装展示作品，使用变焦镜头的70mm端，主要强调是不变形，且利用变焦镜头便利性，协助任意在24~70mm之间做选择。

由上往下的视角，来拍摄掌控人物脸部的感觉与细节（如图三），再采用大光圈简化环境，以突显整张作品的视觉焦点，这样的表现也符合使用标准镜头的目的。

▶ 图二（Nikon D3+ Nikkor AF-S 24~70 mm f/2.8G ED的70mm端，光圈f/2.8、快门1/60秒，ISO 400，自动白平衡，JPG，后期改色）

摄影：

刘纯兴

图一（Nikon D3+ Nikkor 50mm f/1.4G，光圈f/1.4、快门1/400，ISO 200，自动白平衡，JPG，后期改色）

图三（Nikon D3+ Nikkor AF-S 24~70 mm f/2.8G ED的62mm端，光圈f/2.8、快门1/800秒，ISO 200，自动白平衡，JPG，后期改色）

◀ 图三（FUJIFILM S5+ Nikkor 50mm f/1.4 ED 光圈f/8、快门1/8秒，ISO 100，手动白平衡，JPEG）

标准焦距内的广告摄影

广告摄影说穿了就是如何以一个有效的气氛和说服力，促使顾客提高购买欲望的一种商业行为。

在这样的架构下，如何拍出简单而有效的诉求摄影作品就变成重点，标准焦距的镜头对这方面的呈现有极佳的表现力与便利性。

图一采用混合光源，利用棚灯与日光灯管的色温差把瓶身的色彩直接拍出，在利用慢快门的摇晃使瓶身有晃动感，这张色温的平衡与快门的速度决定画面的凝结力，标准镜的好处就是可以贴近被摄体而不变形，景深相对容易控制。

图二是单灯加上反光板的组合运用，大多数的摄影作品其实都是单灯作业，对于气氛背景来说，50mm定焦镜更是好用，尤其大光圈的特性更能表现张力。

图三这张作品依然采用单灯光源，50mm的景深特性是一项值得研究的课题，即使中光圈也可以有短景深的效果。

▲ 图一（FUJIFILM S5+ Nikkor 50mm f/1.4 ED 光圈f/16、快门1/4秒，ISO 100，手动白平衡，JPEG）

摄影：

张子彦

▼ 图二（FUJIFILM S5+ Nikkor 50mm f/1.4 ED 光圈f/2.8、快门1/60秒，ISO 100，手动白平衡，JPEG）

利用瞬间变换焦距的特性，掌握色温变化及构图

拍摄夜景，尤其是位于晨昏交接时刻，光影瞬息万变，往往顷刻之间风云变色。因此，除了以经验掌握刹那间的测光是重点之外，能在瞬间重新变换构图也是取得好照片的重要环节，而轻巧易于携带的18~55mm Kit标准变焦镜头正是能让我在须臾之间，重新变化构图。

然而，只要跟夜景相关的摄影题材，最佳的拍摄时间都在日落后天尚未全暗；日出则是日出前20~30分钟，这段时间不仅是色温变化最为丰富时段，也是天空色彩细节最为精彩之时。

图一，使用仰角拍摄，并使用最大光圈以及ISO 400(如相机高感光度仍够纯净则建议可使用更高感光度)以提高快门速度。除此之外，拍摄过程中不断的变换焦距，直到认为18mm为最佳视野后，再按下快门。

图二，在大河之恋皇后号

▲ 图一（Canon EOS 400D+ EF-S 18~55mm f/3.5~5.6 II的18mm端，手动模式、光圈f/3.5、快门1/15秒，ISO 100，日光白平衡，RAW）

▲ 图三（Canon EOS 400D+ EF-S 18~55mm f/3.5~5.6 II的55mm端，光圈优先、光圈f/11、快门1/500秒，ISO 100，日光白平衡，RAW）

▲ 图二（Canon EOS 400D+ EF-S 18~55mm f/3.5~5.6 II的24mm端，光圈优先、光圈f/8、快门20秒，ISO 100，日光白平衡，RAW）

摄影：

谢慕郁

启航典礼拍摄，拍摄前先观看典礼流程发现，发射烟火将于晚间7点，天色已稍暗，因此于日落后，选用24mm端拍摄夜景与色温；发射烟火时再用18mm端捕捉，再以重复曝光方式合成。

图三，原本以18mm广角端取景，正等待噪点抑制处里过程中，恰好一艘小船缓缓滑行而至，待噪点抑制结束，等不及换取长镜头，马上变焦至55mm抢拍，如当时并非使用标准变焦镜头，机会可能在更换镜头时便溜走了。

▲ 图一（Nikon D3+AF-S Nikkor 24~70 mm f/2.8G ED 的24mm端，光圈f/4、快门1/80秒，ISO 400，手动白平衡，RAW）

▲ 图二（Nikon D3+AF-S Nikkor 24~70 mm f/2.8G ED 的70mm端，光圈f/2.8、快门1/200秒，ISO 800，手动白平衡，RAW）

标准变焦于有限空间，表现无限可能

婚礼记录除了要求影像画质优异外，更讲究画面气氛以及摄影师迅速捕捉每个瞬间的幸福影像，所以变焦镜头最为方便，而恒定大光圈的24~70mm标准变焦镜头，搭配全幅机身，正是使用率最高的组合。

采用自然光源（如图一）营造的气氛影像，避免因换镜头而漏失精彩画面，则是标准变焦镜头给予的方便性。该张作品是在有限空间，使用24mm广角端，完整呈现出意境及构图。

假设远距离捕捉新娘与化妆师瞬间笑容（如图二），亦能立刻变焦至70mm长焦端，只要掌握好光比，即使光源不足的情况下使用高ISO拍摄，解像力强的镜头也能够帮助在高ISO下有出色表现，这也就是为何挑选AF-S Nikkor 24~70 mm f/2.8G ED 的原因了。

昏暗光线下（如图三），在调高相机ISO设定后，可借助恒定大光圈的特性，即使从24mm变焦到70mm长焦端，任何过程中都不会改变进光量，依然能维持f/2.8及相同的快门速度捕捉到影像。

摄影：

陈思豪

▲ 图三（Nikon D3+AF-S Nikkor 24~70 mm f/2.8G ED 的70mm端，光圈f/2.8、快门1/80秒，ISO 1600，手动白平衡，RAW）

▲ 图二（Nikon D300+AF-S Nikkor 24~70 mm f/2.8G ED 的24mm端，光圈f/2.8、快门1/8秒，ISO 200，手动白平衡，RAW）

轻装旅行，一机一镜用心体会每个影像

自助旅游细心观察每个地方的人文、生活与文化是旅游摄影最有趣的地方，每每都是轻装出发，有时仅携带一台DSLR与一支标准变焦镜头前往记录与创作。

旅行途中常常会在路上发现难得的景物（如图一），如遇代表当地的人文荟萃影像，可立即采用标准变焦镜头的广角端捕捉，假如担心时间来不及，还可利用盲拍方式先取得影像，例如这卖煤炭的老人，拉着煤炭车很具特色，便将快门调慢，随手利用24mm焦距获得的。

捕捉有象征性故事的画面（如图二），也是旅行摄影的关键。例如，画面中香格里拉当地最大的转经轮，令人联想到生命的轮回是需要转动的，正巧遇到一位老人在转动经轮，在光

▲ 图一（Nikon D300+AF-S Nikkor 24~70 mm f/2.8G ED 的30mm端，光圈f/8、快门1/350秒，ISO 200，手动白平衡，RAW）

摄影：

余能炘

▼ 图三（Nikon D300+AF-S Nikkor 24-70 mm f/2.8G ED 的70mm端，光圈f/4、快门1/1000秒，ISO 200，手动白平衡，RAW）

线的配合下拍到该画面，希望呈现“转动生命”的感觉，让影像增添生命，而不是一张普通的记录照。

利用标准变焦的长焦端，也可拍摄到实时的风景影像（如图三），当眼前美丽的夕阳，忽然有位老人走入小道，慢慢走着，与夕阳搭配得宜，令人想抓住此刻瞬间。

灯光魔术师，再创商业摄影高峰

摄影：

周国安

走入周国安摄影工作室，有种特别的感觉，从2001年起的10平方米、2003的20平方米，直到现在这个新购置的80平方米的摄影棚，给人的感觉就像是回到家一样舒适，原来这宽敞的空间，也同时是周国安的窝，舒适的空间，除了夫妻二人与母亲，还有一只贴心的贵宾犬，而爱犬可是常常出现在他商业作品中的名模之一。

灯光魔术师

对周国安的人生来说，从事摄影工作也算得上是一个很大的转变，在他拿相机之前，是个乐团吉他手，毅然决然转入摄影领域，也是本着对拍照的兴趣与热情，对于影像的呈现很有想法的他，从拍摄写真开始，即对灯光运用、拿捏程度均相当精准，还曾经替自己的棚灯制作外拍电源、神奇的锅盖雷达罩，效果很不错的控光幕……对他来说，投资灯光与周边器材远比投资相机来得重要，目前使用的灯光系统是COMET。他认为摄影棚内的单灯、外拍灯这些必要的灯光，一次到位的购买齐全，绝对可以长久地伴随着自己的摄影生涯，而针对他还在服役的Canon EOS 1Ds MarkⅡ，却不急着更换新一代机种，追求相机规格的更新，还是不如画质精良来得重要，几年前的相机能满足现有客户族群，为何在新相机上市后，不能满足了呢？无非是喜新厌旧心理在作祟而已。倒是灯光的下灯技法、观念，运用何种控光工具、使用多少支灯、如何学好棚灯的运用，才是最为重要的。

“安全”是专业摄影师对影像的使命

谈到专业摄影师的价值，周国安认为客户会为了“安全”，去找一个专业摄影师帮他省掉很多问题，而不会因为价格低廉或其他因素，轻易找一个非专业摄影师拍摄作品，假设今天客户去找了一个超级巨星，又花钱找了大场景，即使是一个免费的摄影师，都不敢放胆让他去拍摄的，万一拍摄出来的影像不能使用，就砸了所有其他策划、模特儿费用和时间，因此安全的影像，是专业摄影师必须做到的，也是替客户省钱、省时间、创造价值的必须责任。

所以建议想要进入商业摄影领域的摄影师，首先想的不是要找一个多大的摄影棚、买个多好的DSLR或数码相机、多有名的灯光，而是要累积作品、人脉、基本功……千万别好高骛远，摄影路上要记得欲速则不达。

透过对话与沟通，呈现影像灵魂

不论拍摄写真、服装、广告、商品、艺人等任何题材，周国安都会与客户、被摄者不断沟通，透过多次交换意见，慢慢找到影像的方向，并且抓出被摄者的特质和内在个性，也因此可在工作进行中，找到最适合的肢体神情、氛围。

也可能是因为这样的个性，与他合作的模特儿或艺人，都会对他印象深刻，也正因为周国安的细心带领，每每拍摄出来的影像画面，都会给人强烈的视觉震撼与激动。他的成功是有原因的，因为他比一般写真摄影师更下功夫，更加用心，不厌其烦的沟通，并且充分准备拍摄的细节、道具和感觉，能在拍摄前做足所有功课，是他交出优异影像成绩单的诀窍。

谦虚且务实成就个人风格

每次作品得到称赞，周国安都会很谦虚的说，这真的没有什么，只是把心中设想的美丽画面拍摄出来而已，其实有今天的成就，是自己运气佳，时间切入点正确罢了，假设现在才进入商业摄影的领域，也不敢把握将来可以有现在的成绩。

现在的周国安摄影棚，是经过多年累积才购置的，或许也正因为个性使然，周国安才能将所有美丽画面，完整的透过快门呈现出来吧！

个性创意的表达、创造商机不可取代性

摄影：

张纬宇

商业摄影一直是喜爱摄影的朋友们，好奇且又不容易理解的领域，这次介绍的张纬宇，从事商业摄影多年，与他分享一些经验心得，去了解该具备怎样的条件和想法，方可胜任商业摄影。

热情与兴趣

张纬宇认为要担任一位商业摄影师，是要具备很大的决心、对摄影工作有极为浓烈的兴趣、热情去支撑，尤其是在目前DSLR日趋便宜的情况下，要加入商业摄影师这份工作，也要有相当足够的心理准备。

在外界眼中，摄影师这个行业，有着令人羡慕的弹性工作时间，但是换言之，也就是无法区分所谓的工作与休假时间，一切配合客户，随时都有可能得拿起相机工作，牺牲很多的假期时间。

纬宇之前在婚纱摄影公司担任助理，钱少事多压力大，成长效率也很缓慢，假设没有兴趣与对摄影的热情维持，早就放弃走这条路了。之后他进入学校学习更专业的摄影技术和观念，慢慢对商业摄影领域有所心得，从此一发不可收拾。

万事开头难，成功必非偶然

刚开始接拍摄客户的过程相当辛苦，从杂志社的商品、小广告、录像……慢慢到现在自己经营工作室，他认为现今因数码相机的盛行，价格也越来越低，几乎人手一台。这股潮流虽然让大家更接近摄影，但是却破坏专业摄影市场的行情，如果要在这一行有自己的一片天，热情与追求进步的原动力是不可或缺的，除此之外，摄影师要有自己的想法，及对美的分辨能力，这些都得靠自己平时的努力，还要不断去吸收别人的优点，要从商业摄影开始走向成功，没有一个摄影师是偶然的。

虽然大家都知道：工欲善其事，必先利其器。不过还是建议不要盲目追求器材、灯光等，器材要选择适合、足够使用就可以了。举个例来说，纬宇使用Canon系统，从高档的Canon EOS-1Ds mark Ⅲ、1ds markⅡ，甚至5D、30D等，还有中型相机的的Hasselblad H2D加上2200万像素的数码相机，相机会不断的更新，3900万像素、甚至更高的5600万也上市了，每天想着追求顶级设备，还不如训练属于自己真正的技术，用光技巧、美感、拍摄点子去营造新颖的拍摄效果，并且不断求进步，用更多的创意结合自己的风格，融入到商业摄影，才是商业摄影师的生存之道。

如果你认为现在的商业摄影师，只是负责拍照，那也就大错特错了，因为每次的摄影工作结束后，不论是外拍或在摄影棚内，助理要将所有器材整理、清点、归位，将其摆放整齐。而摄影师也需要将档案稍做整理，除了将原文件转出、备份之外，还得整理一份比原文件小的预览图片给客户挑选，这份预览图片必须初步调整颜色、曝光、饱和度等，这也是拍摄完毕后又一项工作的开始。

如果想踏入商业摄影师这条路，纬宇会建议：对摄影工作没有热情与兴趣，或者还没有完全做好准备的人，想要在这一行立足，是绝对不可能的事情。

简单光场 无限空间

以两个发光源为主要的照射光线，脸上的光是以亮面的银板作为反光介质，借此强调人物的神韵。

一个具备情景的影像，往往需要不同的光源与复杂的灯具设备，来创造空间感与光差比，但是在以人物为主的情景式摄影，却会因为人员设备的不足而放弃。

摄影器材:Canon EOS 5D、Canon EF 24~70mm f/2.8 L USM 光圈f/6.3、快门：1/160秒

情境与设备往往会划上等号，大多数的摄影者，在遭遇光线不足的情况下大都会加大ISO值、 全开光圈，以换取更多的入光，获得更高的安全快门时机，然后怪罪于光圈不够大，借此得到更多可以换器材的理由与借口。

现在展示的摄影概念完全以层次与光线比例为出发点，眼神神韵是人物摄影的最重要因素之一，当然并不能把所有的创作概念都包含进去，但是在以人为本的创作上就相对的变成重要的要素了。

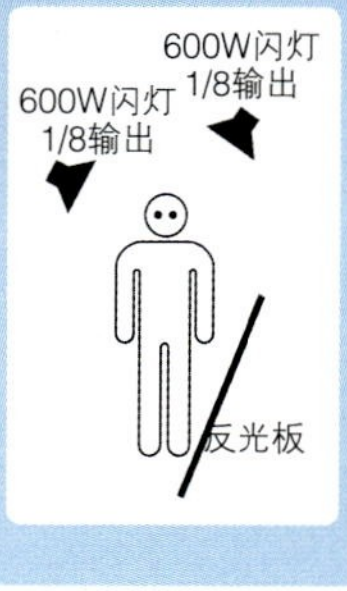

左右两只600W闪光灯＋标准罩，距离约2米、高约45° 角直射头发边缘部位，模特儿左前方以一片反光板反射，将其左脸轮廓与眼神强调出来。

光圈f/2.8、快门：1/80秒

强调眼神的神韵与脸部的细节，小型反光板勾出眼神光线。

与前一张作品相同，只是推近摄影距离，灯光顺时针转动约5° 角，除鼻梁光线更具立体外，墙壁也能有一定的线条光，无任何反光器材。

光圈f/2.8、快门：1/60秒

透过窗帘的窗边太阳光，让原本是硬质的光源经过窗帘布的柔化，而变成照向脸部的软光源，无反光介质。

将人物靠近窗边，利用窗帘薄纱的特性，光线转变成不至于太强烈的硬光，无任何反光器材。

单灯将人与窗户光线成为1:1，借此勾勒出轮廓与重点，无反光介质。

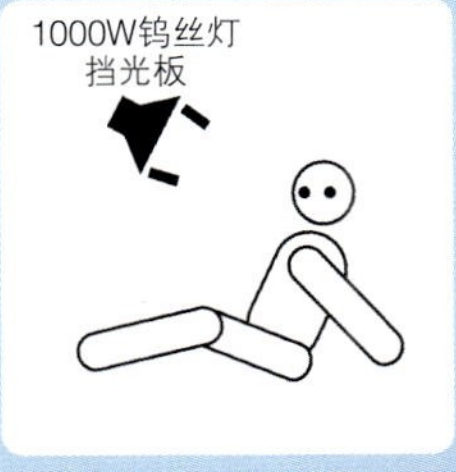

人物右前方架设1支1000W钨丝灯光，加装挡光板，叶子板距离尽量贴近，制造线条光线出来，距离约1.5米、60° 角，无任何反光器材。

光圈f/2.8、快门：1/80秒

光圈f/2.8、快门：1/125秒

光圈f/2.8、快门：1/125秒

特写更清楚的强调人物的个性与质感，反光板打出眼神光。

1000W钨丝灯光，加装挡光板，45°俯角，叶子板距离稍大，灯光直打反光板，利用反光板的反射提供模特儿的脸部层次与细节。

除眼神与肤质外，再加入发丝的结构，利用反光板打出细节。

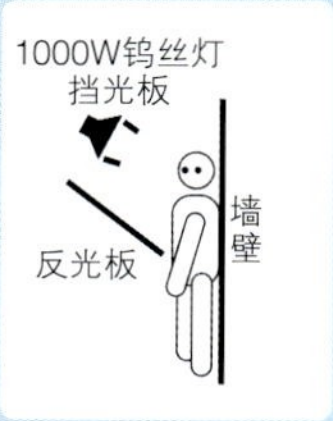

1000W钨丝灯光，加装挡光板，60°俯角，叶板距离稍大，灯光下放一反光板，反射暗部层次，但是不影响主灯光线方向性。

扩大光线的角度，并以镜面反光完成细节的层次。

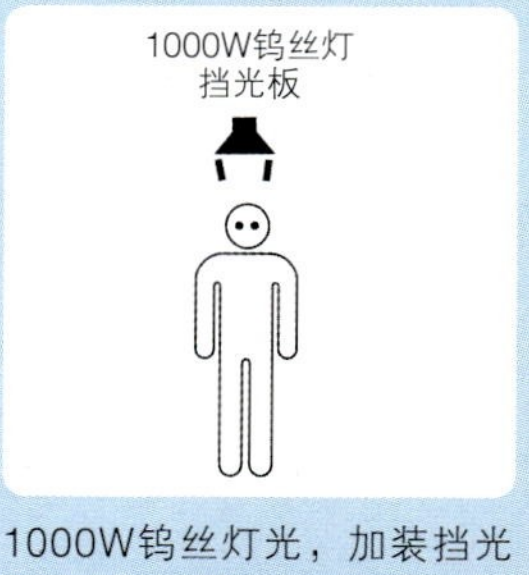

1000W钨丝灯光，加装挡光板，90°俯角，挡板距离扩大至与肩同宽，利用上方光源与下方镜面反射，制造较清晰的线条光。

光圈f/2.8、快门：1/250秒

以镜面倒影的反向角度，强调肢体的张力。

与前一张作品同，但缩减光圈，企图制造更强烈的个性。

反光板成为主要光线，太阳光成为边线光。

快门：1/320秒

傍晚的太阳光几乎相当于横向光线，用反光板反射阳光，人物置于非直射光位置，如此反光板光线比直射太阳光强烈，制造灯光错觉。

移除反光板，利用斜射光的弹射，带出水珠与层次。

将人物置于玻璃光线反射角位置，透过向上喷洒的水珠，形成更多层次的线条，无任何反光器材。

光圈f/2.8、快门：1/320秒

影像色彩学与修图风格

在不变的原始影像档案里，利用数字暗房的风格修整，达到自我风格的表现。

怎样判断一张影像该如何修改或整理?在了解影像的三要素饱和度、明度与色相之后，更可以简化不必要的考虑点。在此先了解这三要素的关键。

饱和度：色彩的浓淡程度。例如可以直接称呼的红、黄、蓝等色彩，它的色彩不加入其他的明度。若我们说淡红、深红，他的色彩度就已受到变化。

明度：若把色彩去掉，只剩下暗与亮的灰阶层次变化。例如香蕉的明度高，而青椒的明度就低了。

色相：就是色彩的特征，如红色或绿色，若是加入了其他的色彩就有了相应的变化。比如说，不同比例的蓝色与黄色混合，可以获得不同色相的黄、绿、蓝。利用这样的关系，一张影像可以获得多变化的组成，例如高饱和度、低饱和度、高明度与低明度。高饱和度搭配低明度有强烈的感觉，产生反差对比，而高明度搭配低饱和度的组合让视觉产生清爽优闲感，反之，低饱和度加上低明度却有厚重压抑的感觉。因为色彩的变化、明度的变化会让人有不一样的感觉，所以在应用上可以依据影像的内容与期望达到的个人风格而有所调整。

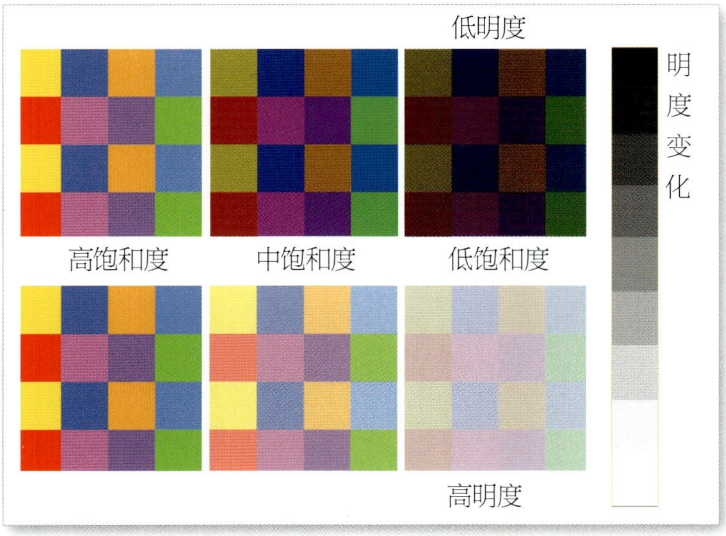

低饱和度 · 高明度

清爽的日系风格表现，利用低饱和度与高明度改变色彩与环境氛围。

风格修图后

低饱和度 + 高明度

在这样的表现风格里，有带点日式的写真风格，在色彩不饱和也带点曝光过度的现象，所呈现的是一种清爽没有压力的色感。

在使用“色阶”调整时是关键点，它的色阶集中在明度高的地方，所以低明度部分会跟着提升起来，注意某些影像因为提升了明度而突显了暗部噪点。而饱和度则以个人喜好自行调整。两个关键组合起来即可达到上述所要表现的风格。这样带点日式风格的清淡画面可以让影像多一点氛围。

原图

修图摘要

1. 调整→色阶将暗部提升。
2. 调整→色相/饱和度降低饱和度。
3. 调整→曲线微调对比。

高饱和度・低明度

张力强烈的视觉表现，突显反差造成强烈的视觉印象。

风格修图后

高饱和度+低明度

影像的视觉感在强调它的饱和度以及明度的对比时，会以降低整体画面明度的方式，来表现的亮部色彩的反差。通常这样的影像在高反差、局部受光的状况下表现最为适当。以图例来说，原图使用闪光灯投射在人物身上，使周边的色彩因为压光效果而显得曝光不足。并在影像周边降低明度，呈现失光的效果，而中间受光部分再以曲线加强反差，以表现张力、视觉集中感，突显反差所造成的视觉印象。

原图

修图摘要

1. “调整”→“色相/饱和度”加强色彩饱和度。
2. “调整”→“曲线”加强对比。
3. 使用加暗工具，将周边光现降低明度。

低饱和度·低明度

低靡的视觉氛围，表现颓废、暗淡的视觉心理。

风格修图后

低饱和度＋低明度

明度的整体表现以低阶调为主，也就是画面的暗与亮比例以暗部面积为大宗，饱和度方面以低饱和度为主。

明度降低了、饱和度也降低了，所呈现的效果会带点低靡的视觉氛围，在表现颓废、沧桑感以及暗淡的视觉心理反射最为恰当。基本上在拍摄的同时，若有预设好照片未来的风格走向，可以在现场进行降低反差与整体明度的工作，在后期处理时会更得心应手。

原图

修图摘要

1. “调整”→“色相/饱和度”降低饱和度。
2. “调整”→“曲线”降低明度。
3. 使用加暗工具，将周边光现降低明度。

高饱和度 • 高明度

充满视觉刺激的色彩影像，让高饱和度与高明度游走在视觉画面里。

风格修图后

高饱和度 + 高明度

加强“色相 / 饱和度”里的饱和度，将彩度全部提升，再使用曲线将暗部的细节调整出来，同时使用加亮工具便可以抹出更多的细节与彩度。这样的表现可以让影像表现出通透感，也让整体明度提高后对比降低。

在拍摄同时，使用两盏闪光灯，一盏用来呈现逆光效果，另一盏则作正面补光，使模特儿及场景都能获得适当的曝光量，以便预期使用高饱和度与高明度的方式。

原图

修图摘要

1. “调整” → “色相/饱和度” 提升饱和度。
2. “调整” → “曲线” 提高明度。
3. 使用加亮工具，将暗部逐一抹出细节。

色相变化·改变时间

利用色相的变化改变时间的错觉，也利用色彩营造风格。

风格修图后

改变色温

摄影爱好者使用数码相机时会发现，自动白平衡拍摄会因为相机的自动调整，原本应出现的色彩如黄昏应偏黄或清晨应偏蓝的色感都会消失。所以在时间记录上可以利用后期制作的方式或拍摄时使用RAW文件再以软件调整。比对这张图例，使用自动白平衡在清晨拍摄日出人像的影像。可是利用这样的修图方式，做出在色温上的变化氛围。

原图

利用色彩平衡，将蓝与黄加入，其变化就会慢慢呈现在影像上。依自己的风格喜好增减。

摄影：
刘纯兴

修图摘要

“调整”→“色彩平衡”将黄色、红色比例增加。

无协助下的光线运用

→加上前景一样可以有不同的风格。（Sony 900+ 85mm f/1.4。f/1.4， 快门1/125秒， ISO 100，手动白平衡， RAW）

独立一人作业，跟着光线感觉走。以一张摄影作品来说，最基础的一定要有光线才会有影像，但在人像主题中，一对一的拍摄过程里面，如何去找出重要的光线很重要，没有反光板，更没有人造光源的时候，该怎么运用最原始的条件呢？

利用现场顶灯与水晶灯的交互光源，创造一个比较孤寂的画面。（Sony α900+ 85mm f/1.4。f/1.4， 快门1/60秒， ISO 100， 手动白平衡， RAW）

落地窗户的庞大面性光源可创造更大的景深与空间透视。（Sony 900+ 85mm f/1.4。f/1.4， 快门1/160秒， ISO 100，手动白平衡，RAW）

一样的光源改变了摄影角度与曝光因素即可改变整体的质感。（Sony α 900+ 70~200mm f/2.8的160mm端。f/2.8，快门1/60秒， ISO 100，手动白平衡， RAW）

面光源的应用。（Sony α 900+ 85mm f/1.4。f/1.4， 快门1/50秒， ISO 100， 手动白平衡， RAW）

屋顶上的自然光让模特儿置于光线交界处 即可拥有不同的光比。（Sony α 900+ 85mm f/1.4。f/1.4，快门1/2500秒，ISO 100，手动白平衡，RAW）

Sony α 900+ 70~200mm f/2.8的200mm端。f/2.8，快门1/100秒，ISO 100，手动白平衡，RAW

脸部并非是人像摄影的唯一，肢体的创作往往更能表现不同的张力。（Canon EOS 5D+ 16~35mm f/2.8的20mm端。f/2.8，快门1/125秒，ISO 100，手动白平衡，RAW）

利用少量的光源强调眼神的重要性。（Canon EOS 5D+ 16~35mm f/2.8的35mm端。f/2.8，快门1/80秒，ISO 100，手动白平衡，RAW）

很多人认为，自己不是专业摄影师，拍照的时候哪来的摄影助理帮忙打光线？或者不是很厉害的摄影高手，闪光灯与棚灯离自己更是遥远，可是在这么多不利的状况下，依然可以拍照吗？

人物置于暗部有时候反而会有更大的强调感。（Sony α 900+ 50mm f/1.4。f/1.4，快门1/50秒，ISO 100，手动白平衡，RAW）

水晶灯吊饰的单灯运用，并非全景才能表现华丽。（Sony α 900+ 85mm f/1.4。f/1.4，快门1/320秒，ISO 100，手动白平衡，RAW）

广角镜头展现不一样的场景与空间。（Canon EOS 5D+ 16~35mm f/2.8的16mm端。f/2.8，快门1/40秒，ISO 100，手动白平衡，RAW）

掌握任何可用光线

室内环境拍摄都采用最大光圈，不论是采用Sony或Canon都搭载高档质优的器材，定焦采用50mm f/1.4、85mm f/1.4的大光圈镜头，加上16~35mm f/2.8及70~200mm f/2.8恒定大光圈实力，顺利完成了此次拍摄。

如果仔细分析每张范例照片可以发现在室内可利用顶灯与水晶灯的交互光源或直接采水晶灯单灯光源来运用，当然，使用落地窗户的庞大面性光源，更可创造更大的景深与空间透视。

一样的光源改变了摄影角度与曝光因素即可改变整体的质感，如果能加上前景也能创造出不同的风格，最重要的是如果遇到光线交界处，即可拥有不同的光比，更可以加强影像的深度。通常我们都会将模特儿拍得很明亮，不过有时候当模特儿处于暗部时，反而会有更明显的对比，这些都是光源使用的重点。

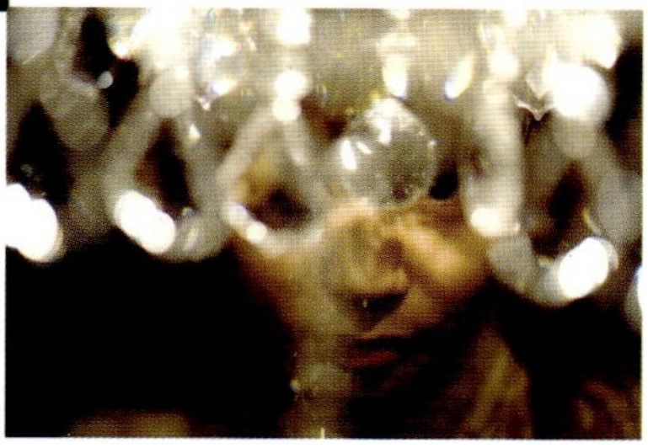
水晶灯吊饰的单灯运用。（Sony α 900+ 85mm f/1.4。f/1.4，快门1/320秒，ISO 100，手动白平衡，RAW）

空景的加法与减法

这次创作之中，大部分利用了大光圈50mm和85mm定焦镜头，原因是光线的关系，当然广角人像也不可避免，使用广角镜头的安全快门要求比较低，因此在微光环境下也是一个很棒的武器，再加上广角镜头可展现不一样的场景和空间，脸部并非是人像摄影的唯一，肢体的创作往往更能表现不同的张力。

另外，可从最后的两张照片看出，一张是空景的示范，当单独人像进入后，其实画面平衡性已经被打破，但试着加入了不同摆设，也更能让整体的比例，获得改善并且具备较佳的视觉导引功能。但是，不见得每次都是以加法呈现，有时候还得视状况采取减法措施，至于加法或减法的拿捏与考虑，也是必须不断学习掌控的一个大学问。

空景图

加入了不同摆设可以让整体的比例获得改善，也能有不同的视觉导引的功能。（Canon EOS 5D+ 16~35mm f/2.8的35mm端。f/2.8，快门1/20秒，ISO 100，手动白平衡，RAW）

完美影像就是争取商机的优势

摄影：

涂崇圣

商业摄影的圈子中，涂崇圣最大的成就是成立了“不予置评”工作室，一路走来在商业摄影上不停地求新、求进步。最近换了一个三层楼、空间增大的摄影棚，为的就是能在商业摄影领域更上层楼，使拍摄的活性更加多元化。

按照自己需求设计，将原本不起眼的旧房子仔细翻修，打通部分二、三楼的楼板，增加高度，让灯光使用更富弹性，也使得空间感极具变化，再加上便利的吧台、优美的窗户、设计感十足的化妆镜、效能足够的储藏空间……最后摆设具有质感的家具，整体空间规划，就连专业室内设计师，对他的新棚及功能都赞叹不已！

然而，令他不断向前走的动力，除了来自朋友对他的支持外，就是自我求新求变的双子星个性使然，他喜欢力求改变，试着利用各种不同方式，造就完美影像，每次的棚灯布光方式、拍摄手法都有所创新，挑战自己能力并且不断提升摄影功力。

Master

Tonia Nicole

从错误中找寻正确

小涂也是从摄影助理踏入专业领域的，从无到有的过程中，从很多错误中找寻正解，并借着经验累积去减少失误及避免错误。除此之外，他喜欢看名家以及商业摄影师前辈的作品，他训练自己从照片中模特儿的眼神，看出拍摄时灯光的架设位置，思考别人是怎么运用光线，相机取景角度、构图与背景的关联性，进而如何拍摄出成功的作品。

阅读书籍与杂志也是他有效的学习过程，可帮助他迅速的吸收与活用，便可在自我创作中建立风格；与友人或同行讨论，亦是增加功力的最佳途径，多半都是从交流、沟通中激发出火花与收获。

品质才是长久之计

“以市场来说，摄影行业算是竞争的，很多摄影师刚入行，为了争取拍摄机会，不惜去压低报价，这些都是不可取的。以商业角度来说，拍出一定质量的作品才是最重要的。完美影像自然会有合理的价格优势与条件，假设质量不好的作品，不论价格高或低，很快的就会被市场淘汰，而断送了商业摄影之路。”涂崇圣针对商业价格与质量皆有一定的坚持，保有优异作品的特性，这也是他经营之道和与客户保持良好关系的最佳秘诀。

多元性的拍摄模特儿

以商业人像来说，基本上是客户想要怎样的画面，摄影师就得拍出他们需要的影像。对于经验丰富的他，常常在客户遇到问题时，提出自己的意见与建议，这时他会以平常累积的能力，搭配时尚的观点，寻求一个平衡点，去兼顾商业与创作。

擅长商业人像的涂崇圣，除了拍摄前与客户的沟通之外，拍摄过程中会尽量利用自己的摄影技巧，去捕捉Modle眼神与肢体瞬间，不喜欢利用太多言语去告诉模特儿需要怎样的姿势与眼神，这样只会局限了专业模特儿的表现空间，通常只会在工作前，转告客户想要的感觉，其余就完全让模特儿自由发挥，拍摄过程中再进行小幅度微调，如此一来，便可拍摄到最自然且最有感觉的满意作品，当然，先决条件是灯光与取景角度都已在控制当中。

商业人像究竟是甚么？

商业人像摄影是涂崇圣的最爱，也是最擅长的一个主题，但是商业人像跟婚纱摄影、写真、婚礼拍摄等基本上差异都不大，都是要抓住瞬间的自然神态与肢体语言，如果说的严谨点，商业人像在灯光要求上会更加严格，这也是他为何喜欢这项挑战。他认为：一张重要的影像，灯光照明的运用得当与否，绝对会产生决定性的影响，而从一张普通影像，评价它是否合格，甚至到达完美境界，这就是商业人像摄影师必须思考的问题。

例如，这次的所有范例，各种风格都不尽相同，皆是他近期满意的商业作品：Tonia Nicole系列，策划古典美去呈现寝具的优雅；La mode主打年轻族群，所以画面呈现以少女可爱、俏皮为主要特点；grace gift是以徐若萱代言为主轴，利用不同的点光制造多层次的背景，并在鞋子上补了主要光源，强调出客户产品的重要性与质感；charisma系列是非常高价位的商品，于打光的应用，主要是针对画面的情境，强调寝具的布料质感与氛围。

除了灯光，商业人像还具备一个特性，就是摄影师本身必须对于流行的趋势及模特儿造型、服装上得做一些功课，涂崇圣也认为掌握流行趋势，才有可能创新及改变，创作出令人耳目一新的作品。

图书在版编目（CIP）数据

数码摄影达人/骆志青著．－北京：中国摄影出版社，2010.1

ISBN 978－7－80236－403－5

Ⅰ．①数… Ⅱ．①骆… Ⅲ．①数字照相机－摄影技术 Ⅳ．①TB86②J41

中国版本图书馆CIP数据核字（2010）第002624号

策　　划：盛益文化
责任编辑：张大鹏
执行编辑：高鸿雁　陈　馨
设　　计：知墨堂文化

书　　名：数码摄影达人
作　　者：骆志青
出　　版：中国摄影出版社
地　　址：北京东单红星胡同61号　　　　　邮编：100005
发 行 部：010-65136125 65280977
网　　址：www.cpgph.com
邮　　箱：sywsgs@cpgph.com
印　　刷：北京地大彩印厂
开　　本：787mm × 1092mm 1/16
印　　张：14
版　　次：2010年3月第1版
印　　次：2010年3月第1次印刷
印　　数：1—6000册
ISBN 978－7－80236－403－5
定　　价：69.00元